高等学校计算机类专业实践系列教材

Linux 操作系统项目化实验教程

主　编　徐云娟　李若梅

副主编　蒋晓南　朱春艳　陈　曼

西安电子科技大学出版社

内 容 简 介

　　本书为 Linux 操作系统的实验指导书，主要介绍 Linux 操作系统的环境搭建、基础知识、服务器架设三部分内容。环境搭建部分主要介绍虚拟机和操作系统的安装；基础知识部分主要介绍基本命令相关实验内容；服务器架设部分主要介绍 FTP 服务器、DNS 服务器。

　　本书以实例为引导，实验步骤详细，同时又兼顾学习的系统性，可作为普通高等院校、中高等职业技术院校以及各类计算机教育培训机构的专用实验教材，也可供广大操作系统爱好者自学使用。

图书在版编目 (CIP) 数据

Linux 操作系统项目化实验教程 / 徐云娟，李若梅主编 . —西安：西安电子科技大学出版社，2022.9 (2024.12 重印)
ISBN 978-7-5606-6635-8

Ⅰ . ①L… 　Ⅱ . ①徐… 　②李… 　Ⅲ . ① Linux 操作系统—教材 　Ⅳ . ① TP316.85

中国版本图书馆 CIP 数据核字 (2022) 第 154105 号

策　　划　刘玉芳　刘统军
责任编辑　刘玉芳
出版发行　西安电子科技大学出版社 (西安市太白南路 2 号)
电　　话　(029)88202421　88201467　　　　邮　　编　710071
网　　址　www.xduph.com　　　　　　　电子邮箱　xdupfxb001@163.com
经　　销　新华书店
印刷单位　咸阳华盛印务有限责任公司
版　　次　2022 年 9 月第 1 版　　2024 年 12 月第 3 次印刷
开　　本　787 毫米 ×1092 毫米　　1/16　印张 9
字　　数　210 千字
定　　价　26.00 元

ISBN 978-7-5606-6635-8
XDUP 6937001-3
*** 如有印装问题可调换 ***

Linux 操作系统因其开源、安全、稳定等特性，成为众多企业与政府部门搭建服务器的首选平台。编者长期从事高等院校操作系统课程的教学工作，了解学生学习 Linux 操作系统的难点，针对这些难点，从教与学的实际出发，在经过深入思考后编写了本书。本书基于初学者视角，是从入门到逐步深入学习的实验教材。

● 本书内容

本书为 Linux 操作系统的实验指导书，基于 CentOS 7 实验平台，共设置八个项目，18 个实验。这八个项目分为环境搭建、基础知识、服务器架设三部分。

(1) 环境搭建部分，包括项目一和项目二，通过 6 个实验来分别讲解搭建实验平台、远程登录和本地登录实验平台。该部分是本书的开篇，也是学习 Linux 操作系统的开篇，是所有实验得以顺利进行的基础保障。

(2) 基础知识部分，包括项目三至项目六，通过 10 个实验来分别讲解基本命令、用户身份与权限管理、Vi 与 GCC、磁盘管理和 U 盘挂载等基础知识的相关实验。该部分不仅是本书的基础，也是 Linux 操作系统的基础；对于不熟悉 Linux 操作系统的读者来说，也是一次 Linux 基础的体验之旅。

(3) 服务器架设部分，包括项目七和项目八，通过 2 个实验来讲解服务器规划设计、配置管理及测试，包括 FTP 服务器、DNS 服务器。该部分力求做到重现整个实验过程，从实验分析、准备，到实验步骤，均做到尽量详细和完整，确保实验得以顺利进行。该部分也是实战部分，将前面所学的基础知识与实际应用结合起来，使读者掌握在实际环境中服务器的架设过程，是理论到实践的进一步升华。

● 本书特色

本书是根据高等院校计算机专业的教学需求、应用型人才的培养需求、"知识、能力、生产、服务"的教改思想和教学方法而编写的。本书具有以下特色：

(1) 由点到线，由浅入深。本书从基础知识入手，结合实际应用案例，由点到线、由浅入深地阐述 Linux 操作系统相关知识。首先，在内容安排上，秉承着通俗易懂、结合实际的原则，在真实项目环境中介绍 Linux 操作系统，力求做到理论结合实际；其次，在案例安排上，通过案例部署进一步加深学生对理论知识的理解，同时通过实际案例的学习，使学生深入、迅速地掌握基本应用。

(2) 分小组完成学习任务。在实际教学中，学生可以分小组完成学习任务，小组分工完成理论搜集 (知识阅读) 及实际任务部署 (动手做)。

(3) 实验步骤详尽。本书中的每个实验都详细地介绍了实验目的、预备知识和实验步骤。在本书的编写过程中，编者力求叙述简洁明了，并对所有实验操作一一进行了验证，广大读者能够快速定位学习 Linux 中存在的实训问题。

● 本书作者

本书由徐云娟总体策划,徐云娟和李若梅担任主编,蒋晓南、朱春燕、陈曼担任副主编。其中,实验 1 至实验 3 由徐云娟编写;实验 4 至实验 6 由蒋晓南编写;实验 7 至实验 9 由陈曼编写;实验 10 至实验 12 由朱春燕编写;实验 13 至实验 18 由李若梅编写。

本书的编写首先要感谢领导和同事们的积极支持,特别是教研组同事们的宝贵意见;其次要感谢历届毕业生提供的市场反馈,尤其要感谢每届勤学好问的同学,正是他们的督促和鞭策促使编者不断改进和充实教学内容,这才有了本书的雏形;最后要特别感谢集团同仁、出版社朋友的大力支持,使本书能顺利出版。

由于编者能力有限,书中难免有不足之处,恳请广大读者和同仁批评指正。

编　者
2022 年 4 月

C目录
Contents

系 统 搭 建

项目背景

XX 学院本学期大二学生需要学习"Linux 操作系统"课程，上课机房为整个学院的公用机房，机房配置均为 Windows 10 操作系统，且均能上网。依据机房环境，搭建该课程授课环境。

项目分析

(1) 由于为公用机房，因此采用虚拟机搭载操作系统的方式构建课程授课环境；

(2) 结合课程标准，选择 CentOS 7 作为操作系统。

项目实施

(1) 安装虚拟机；

(2) 安装 CentOS 7 操作系统。

 ## 实验1 安装虚拟机VMware

【实验目的】

学会安装虚拟机软件 VMware。

【预备知识】

一、VMware 软件概述

VMware(威睿) 是全球桌面到数据中心虚拟化解决方案的领导厂商。VMware 软件主要的功能如下：

(1) 不需要分区或重开机就能在同一台 PC 上使用两种以上的操作系统；

(2) 完全隔离并且保护不同 OS 的操作环境以及所有安装在 OS 上面的应用软件和资料；

(3) 不同的 OS 之间还能互动操作，包括网络、周边、文件分享以及复制粘贴等功能；

(4) 有复原 (Undo) 功能；

(5) 能够设定并且随时修改操作系统的操作环境，如内存、磁盘空间、周边设备等等；

(6) 热迁移，高可用性。

二、VMware Workstation Pro 16 简介

VMware Workstation Pro 16 可用于软件开发、解决方案搭建、软件测试及产品演示。依托该软件，在同一台 Windows 或 Linux PC 上可运作多个操作系统，而且能够模拟实体机完整的运行环境，如 CPU、独立显卡、外置声卡、显示屏、互联网等等。该软件兼容数百种操作系统，可与云计算技术和容器技术 (如 Docker 和 Kubernetes) 分工协作，并可提供为不同客户设计的桌面虚拟化解决方案，VMware Workstation Pro 16 兼容大量客户机操作系统版本，全方位兼容 Windows 10 最新版本。

【实验准备】

下载虚拟机安装软件 VMware Workstation Pro 16。

【实验步骤】

(1) 将下载好的安装软件包拷贝至桌面，如图 1-1 所示。

图 1-1　虚拟机安装包

(2) 双击虚拟机安装包，进入安装向导界面，如图 1-2 所示。

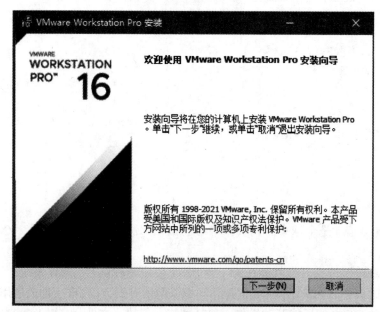

图 1-2　安装向导界面

（3）单击"下一步"按钮，进入"最终用户许可协议"界面，勾选"我接受许可协议中的条款"，如图 1-3 所示。

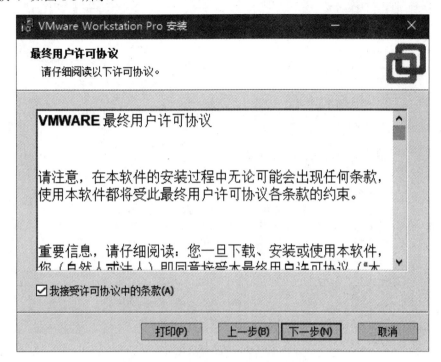

图 1-3 "最终用户许可协议"界面

（4）单击"下一步"按钮，进入"安装位置"界面，如图 1-4 所示。

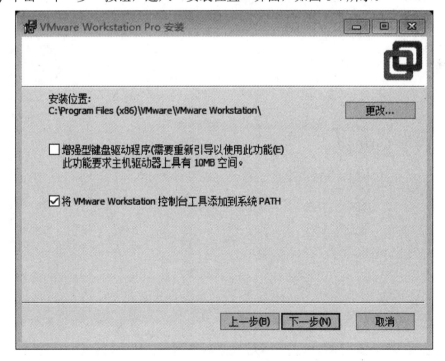

图 1-4 "安装位置"界面

(5) 安装位置保持默认，单击"下一步"按钮，进入产品更新界面，如图 1-5 所示。

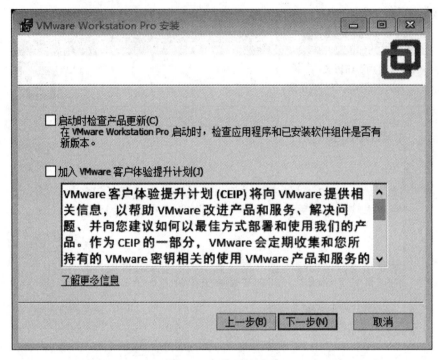

图 1-5　产品更新界面

(6) 取消对"启动时检查产品更新""加入 VMware 客户体验提升计划"的勾选，单击"下一步"按钮，进入快捷方式界面，如图 1-6 所示。

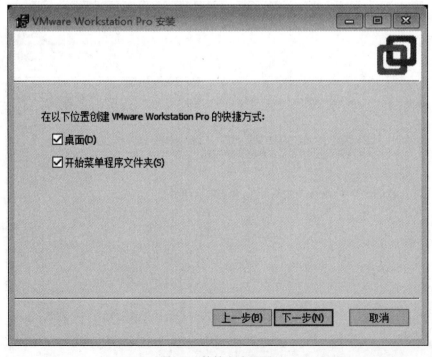

图 1-6　快捷方式界面

(7) 保持默认，单击"下一步"按钮，进入安装界面，如图 1-7 所示。

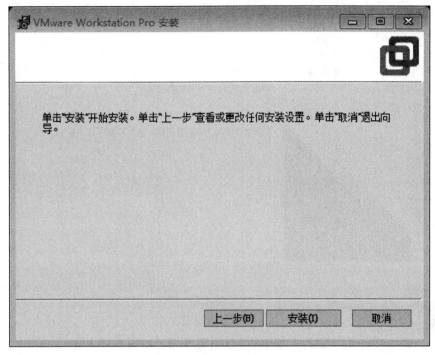

图 1-7　安装界面

(8) 单击"安装"按钮，进入开始安装界面，如图 1-8 所示。

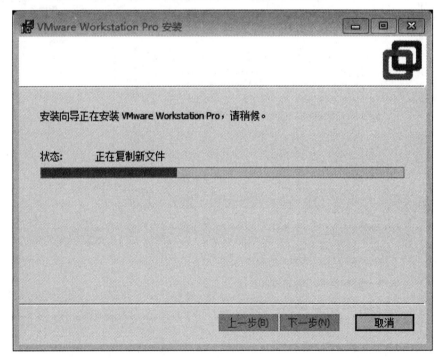

图 1-8　开始安装界面

(9) 等待安装，直至出现许可证选择界面，如图 1-9 所示。

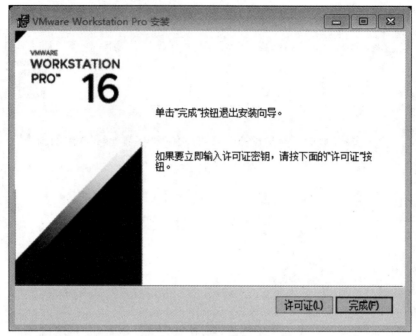

图 1-9　许可证选择界面

(10) 单击"许可证"按钮，进入许可证密钥界面，如图 1-10 所示。

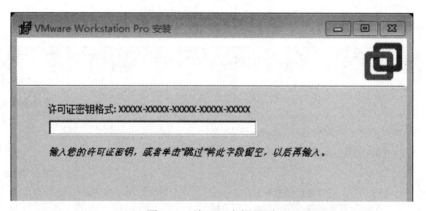

图 1-10　许可证密钥界面

(11) 输入图 1-11 所示任意一个许可证密钥，如图 1-12 所示。

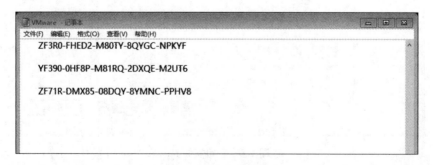

图 1-11　许可证密钥

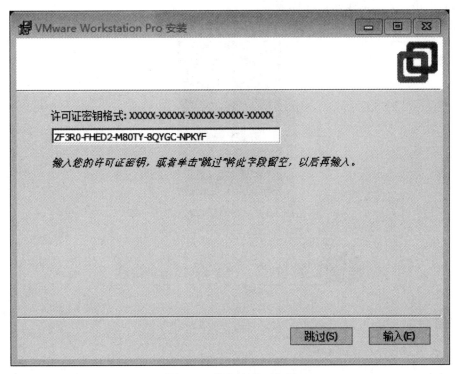

图 1-12　输入许可证密钥

(12) 单击"输入"按钮，进入安装完成界面，如图 1-13 所示。

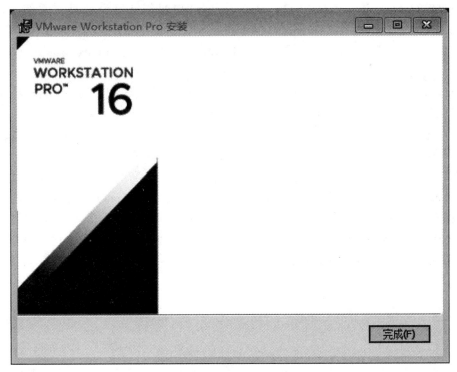

图 1-13　安装完成界面

(13) 单击"完成"按钮，完成虚拟机的安装。

电脑桌面上的虚拟机快捷方式如图 1-14 所示。

图 1-14　虚拟机快捷方式

实验2　安装CentOS 7

【实验目的】

学会安装操作系统 CentOS 7。

【预备知识】

CentOS 简介

CentOS(Community enterprise Operating System) 也叫作社区企业操作系统，是企业 Linux 发行版领头羊 Red Hat Enterprise Linux(以下称之为 RHEL) 的再编译版本 (即一个再发行版本)，在 RHEL 的基础上修正了已知的 Bug，相对于其他 Linux 发行版，其稳定性更高。

CentOS 是免费的，用户可以像使用 RHEL 一样使用它构筑企业级的 Linux 系统环境，CentOS 的技术支持主要通过社区的官方邮件列表、论坛和聊天室来实现。

每个版本的 CentOS 都会获得十年的支持 (通过安全更新方式)，新版本的 CentOS 大约每两年发行一次；而每个版本的 CentOS 会定期 (大概每六个月) 更新一次，以便支持新的硬件，从而建立一个安全、低维护、稳定、高预测性、高重复性的 Linux 环境。

从 CentOS 7 之后，版本命名就与发行的日期相关，如 CentOS-7-x86_64-DVD-2009.iso，CentOS-7 系统是 7.x 的版本，x86_64 是 64 位操作系统，并且从 CentOS 7 以后不再提供 32 位镜像，2009 是 2020 年 09 月发行的版本。该版本兼容大量客户机操作系统版本，全方位兼容 Windows 10 最新版本。

【实验准备】

下载操作系统安装软件 CentOS-7-x86_64-DVD-2009.iso。

【实验步骤】

(1) 将下载好的安装软件包 CentOS-7-x86_64-DVD-2009 拷贝至桌面，如图 2-1 所示。

图 2-1 虚拟机安装包

(2) 在电脑桌面上找到实验 1 中安装好的虚拟机快捷方式，如图 1-14 所示，双击图标，打开虚拟机，如图 2-2 所示。

图 2-2 虚拟机界面

(3) 单击"创建新的虚拟机"，进入新建虚拟机向导界面，如图 2-3 所示。

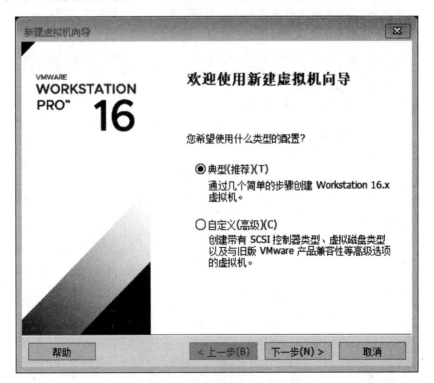

图 2-3 新建虚拟机向导界面

(4) 点选"典型 (推荐)"，单击"下一步"按钮，进入"安装客户机操作系统"界面，点选"稍后安装操作系统"，如图 2-4 所示，单击"下一步"按钮。

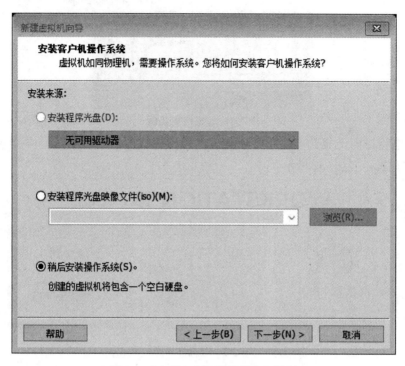

图 2-4 "安装客户机操作系统"界面

(5) 进入"选择客户机操作系统"界面，点选"Linux"，版本选为"CentOS 7 64 位"，单击"下一步"按钮，如图 2-5 所示。

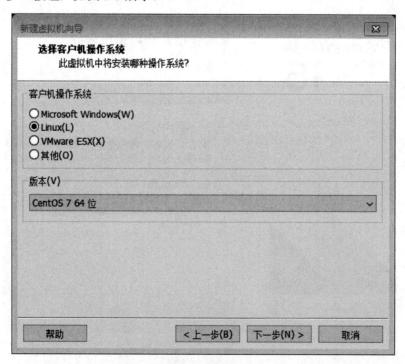

图 2-5 "选择客户机操作系统"界面

(6) 进入"命名虚拟机"界面，保持默认，单击"下一步"按钮，如图 2-6 所示。

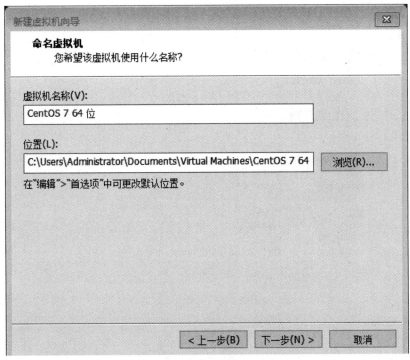

图 2-6 "命名虚拟机"界面

(7) 进入"指定磁盘容量"界面，"最大磁盘大小"选为 10.0，点选"将虚拟磁盘存储为单个文件"，如图 2-7 所示。

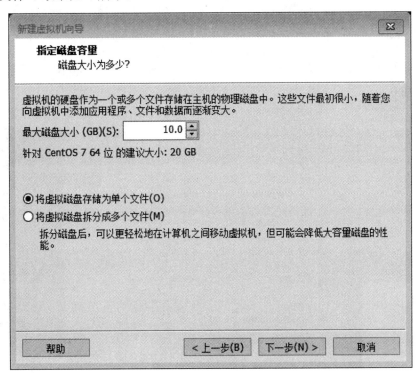

图 2-7 "指定磁盘容量"界面

(8) 单击"下一步"按钮，进入"已准备好创建虚拟机"界面，单击"完成"按钮，如图 2-8 所示。

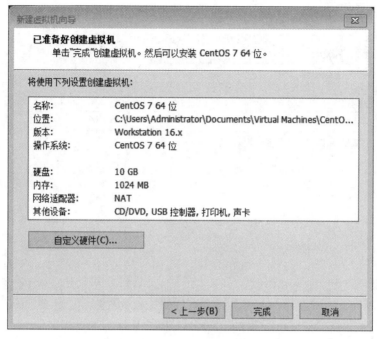

图 2-8 "已准备好创建虚拟机"界面

(9) 等待安装，直至安装完成，进入开启虚拟机界面，如图 2-9 所示。

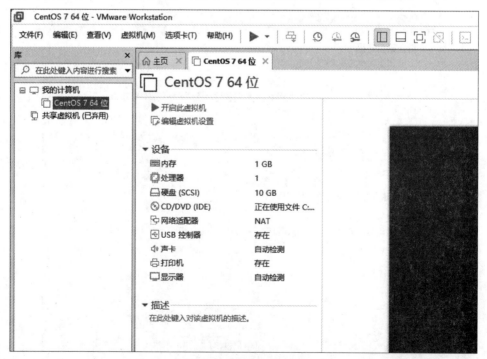

图 2-9 开启虚拟机界面

(10) 单击"编辑虚拟机设置"，进入虚拟机硬件设置界面，如图 2-10 所示。

图 2-10 虚拟机硬件设置界面

(11) 单击"CD/DVD",将"设备状态"勾选为"启动时连接",将"连接"点选为"使用 ISO 映像文件",如图 2-11 所示。

图 2-11 设置映像文件界面

(12) 单击"浏览"按钮,进入映像文件查找界面,如图 2-12 所示。

图 2-12　映像文件查找界面

(13) 单击"桌面",进入桌面,如图 2-13 所示。

图 2-13　桌面

(14) 单击文件"CentOS -7-x86_64-DVD-2009",单击"打开"按钮,回到"虚拟机设置"界面,如图 2-14 所示。

图 2-14 "虚拟机设置"界面

(15) 单击"确定"按钮,回到"开启虚拟机"界面,如图 2-15 所示。

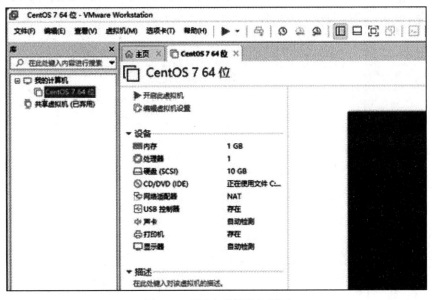

图 2-15 "开启虚拟机"界面

(16) 单击"开启此虚拟机",进入安装选择界面,如图 2-16 所示。

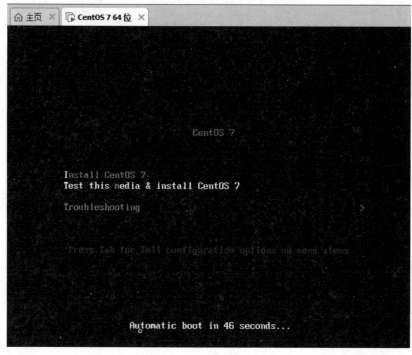

图 2-16　安装选择界面

(17) 单击键盘中的上键"↑",选择"Install CentOS 7",按回车键,开始安装 CentOS 7,等待,直至出现"欢迎使用 CENTOS 7"界面,如图 2-17 所示。

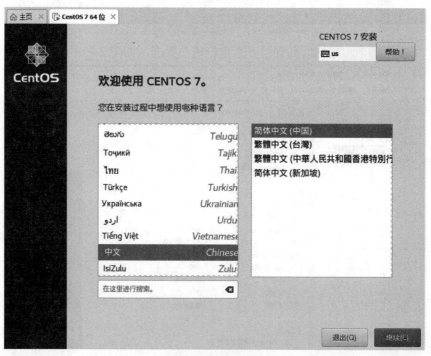

图 2-17　"欢迎使用 CENTOS 7"界面

(18) 在图 2-17 中依次选择"中文""简体中文 (中国)",单击"继续"按钮,进入"安装信息摘要"界面,如图 2-18 所示。

图 2-18 "安装信息摘要"界面

(19) 单击"软件选择",进入"软件选择"界面,如图 2-19 所示。

图 2-19 "软件选择"界面

（20）在图 2-19 的左边点选"GNOME 桌面"，右边勾选"开发工具"，单击"完成"按钮，回到"安装信息摘要"界面，如图 2-20 所示。

图 2-20 "安装信息摘要"界面

（21）单击"安装位置"，进入"安装目标位置"界面，如图 2-21 所示。

图 2-21 "安装目标位置"界面

(22) 在"本地标准磁盘"中选中"10 GiB",单击"完成"按钮,回到"安装信息摘要"界面,如图 2-22 所示。

图 2-22 "安装信息摘要"界面

(23) 单击"系统"中的"网络和主机名",打开"网络和主机名"界面,如图 2-23 所示。

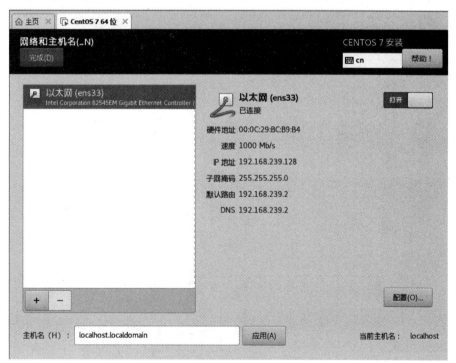

图 2-23 "网络和主机名"界面

(24) 单击"以太网 (ens33)",再单击右侧的"打开",然后单击"完成"按钮,回到"安装信息摘要"界面,如图 2-24 所示。

图 2-24 "安装信息摘要"界面

(25) 单击"开始安装"按钮,进入"配置"界面,如图 2-25 所示。

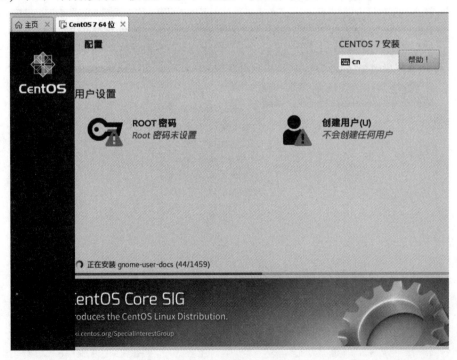

图 2-25 "配置"界面

(26) 在"用户设置"中单击"ROOT 密码",进入"ROOT 密码"界面,如图 2-26 所示。

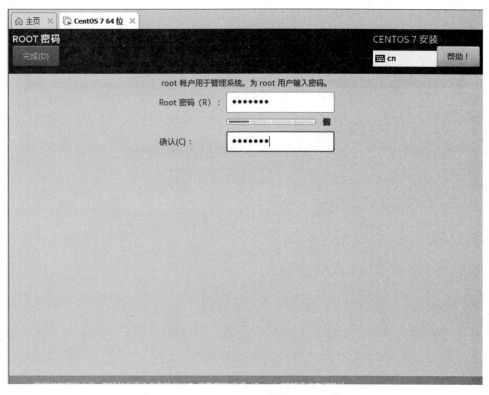

图 2-26 "ROOT 密码"界面

(27) 输入密码"root123"(一定要记住密码),单击"完成"按钮两次,回到"配置"界面,单击"创建用户",如图 2-27 所示。

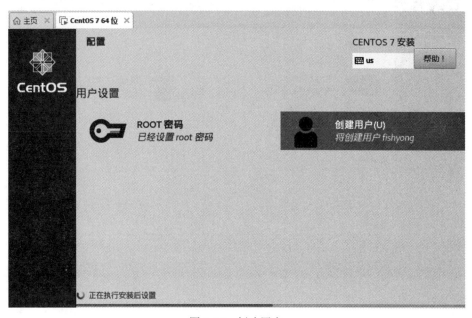

图 2-27 创建用户

(28) 进入"创建用户"界面，输入用户名"fishyong"及密码"root123"，单击"完成"按钮两次，如图 2-28 所示。

图 2-28　创建用户 fishyong

(29) 回到"配置"界面，等待，直至出现重启界面，如图 2-29 所示。

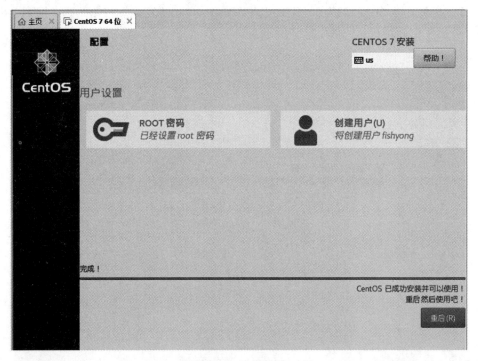

图 2-29　重启界面

（30）单击"重启"按钮，进入"初始设置"界面，如图 2-30 所示。

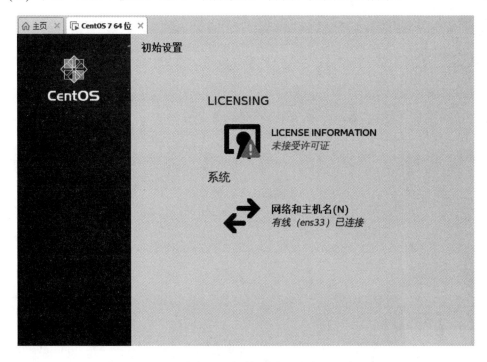

图 2-30　"初始设置"界面

（31）单击"未接受许可证"，进入"许可信息"界面，如图 2-31 所示。

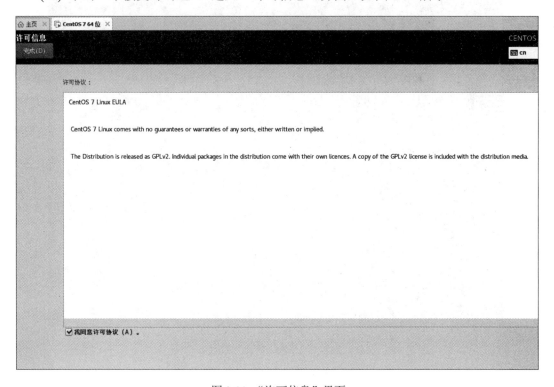

图 2-31　"许可信息"界面

(32) 勾选"我同意许可协议",单击"完成"按钮,回到"初始设置"界面,如图2-32 所示。

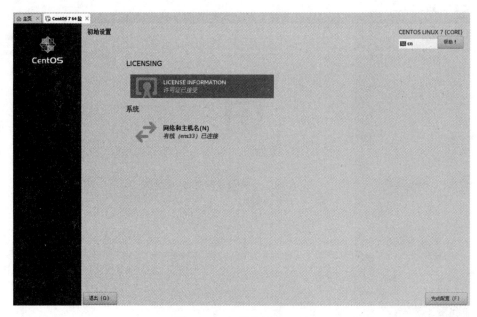

图 2-32 "初始设置"界面

(33) 单击"完成配置"按钮,即可进入系统登录界面,如图 2-33 所示。

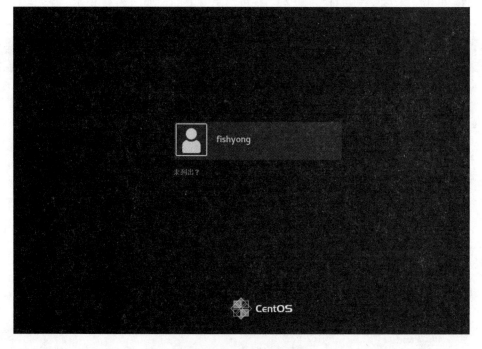

图 2-33 "系统登录"界面

项目二

远程登录和本地登录

 项目背景

　　XX 学院本学期大二学生需要学习"Linux 操作系统"课程，上课机房均已安装虚拟机，虚拟机搭载了 Linux 操作系统，机房配置均为 Windows 10 操作系统，均能上网。依据机房环境，实现 Windows 10 客户端、Linux 客户端分别登录虚拟机 Linux 操作系统以及虚拟机 Linux 操作系统的本地登录。

项目分析

　　Linux 操作系统搭载在虚拟机上，机房已安装 Windows 10 操作系统，为了实施该项目，考虑在虚拟机上再次安装一个 Linux 操作系统作为客户端，机房虚拟机已安装的 Linux 操作系统作为服务器，从而实现 Linux 客户端远程登录虚拟机 Linux 操作系统。

项目实施

　　(1) Windows 10 客户端远程登录虚拟机 Linux 操作系统；
　　(2) 安装客户端操作系统 CentOS 7；
　　(3) 客户端操作系统 CentOS 7 远程登录服务器，即机房虚拟机已安装的 CentOS 7 操作系统；
　　(4) 本地登录 Linux 服务器。

 实验3　Windows 10客户端远程登录Linux服务器

【实验目的】

　　学会 Windows 10 客户端远程登录 Linux 操作系统。

【预备知识】

一、远程登录

　　Linux 操作系统大多应用于服务器，而服务器不可能像 PC 一样放在办公室，所以登录 Linux 操作系统一般都是通过远程登录的方式。Linux 操作系统中是通过 SSH 服务实现远程登录功能的，当系统安装完成时，这个服务已安装好且随机启动，默认 sshd 服务开启 22 端口，所以不需要额外配置就能直接远程登录 Linux 操作系统。

二、OpenSSH 客户端

OpenSSH 是 SSH(Secure SHell) 协议的免费开源实现。SSH 协议族可以用来进行远程控制，或在计算机之间传送文件。而实现此功能的传统方式，如 telnet(终端仿真协议)、rcp ftp、rlogin、rsh 都是极为不安全的，并且会使用明文传送密码。OpenSSH 提供了服务端后台程序和客户端工具，用来加密远程控件和文件传输过程中的数据，并由此来代替原来的类似服务。

对于 Windows 操作系统客户端，Linux 远程登录需要在机器上额外安装一个终端软件——OpenSSH 客户端。

【实验准备】

要远程连接 Linux 服务器，需要知道服务器的 IP 地址，在 Linux 操作系统中通过查看网络连接获得 IP 地址 (192.168.134.128)。

【实验步骤】

(1) 在 Windows 10 中安装 OpenSSH 客户端，单击"开始"，找到"设置"并单击，进入"Windows 设置"界面，如图 3-1 所示。

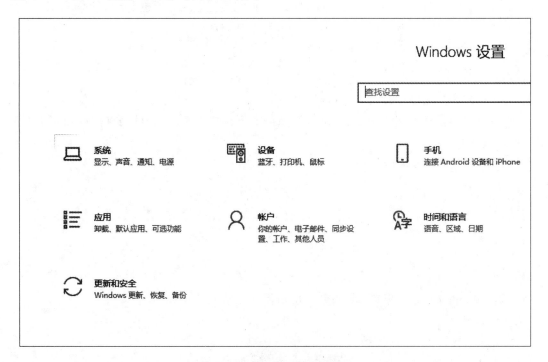

图 3-1 "Windows 设置"界面

(2) 单击"应用"，进入"应用"界面，如图 3-2 所示。

(3) 单击"应用和功能",单击"可选功能",进入"可选功能"界面,如图3-3所示。

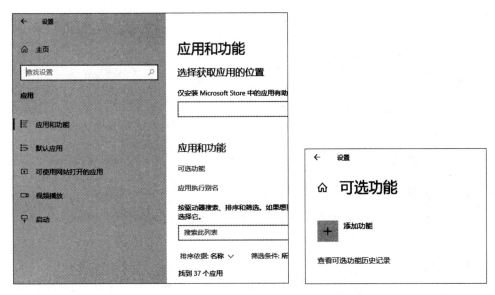

图3-2 "应用"界面 　　　　　图3-3 "可选功能"界面

(4) 单击"添加功能",进入"添加可选功能"界面,如图3-4所示。

图3-4 "添加可选功能"界面

(5) 找到 OpenSSH 客户端，并勾选，单击"安装"按钮，等待安装，如图 3-5 所示，安装完成后关闭窗口。

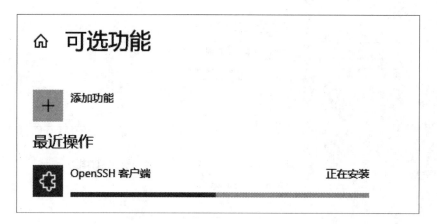

图 3-5　添加可选功能

(6) Windows 10 客户端远程连接 Linux 操作系统服务器，右击"开始"，单击"管理员：命令提示符"，如图 3-6 所示。

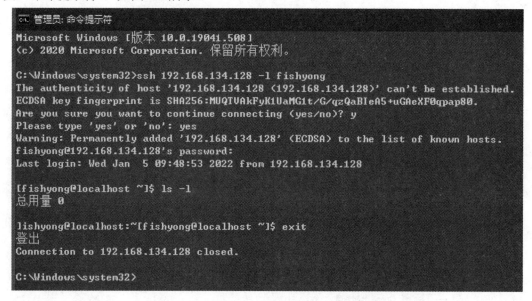

图 3-6　命令提示符

输入：

    ssh 192.168.134.128 –l fishyong　　　　　　　　// ssh 命令中小写字母 l，不是数字 1

    回车

输入：

    yes

    回车

输入：

    root123　　　　　　　　　　　　　　　　　　//fishyong 用户密码

回车

(7) 退出远程连接。

输入：

exit

回车

实验4 安装Linux客户端操作系统CentOS 7

【实验目的】

学会在虚拟机中安装 Linux 客户端操作系统 CentOS 7。

【预备知识】

本项目中，Linux 服务器操作系统 CentOS 7 已安装，需在虚拟机上安装 Linux 客户端操作系统 CentOS 7。

【实验准备】

下载操作系统安装软件 CentOS-7-x86_64-DVD-2009.iso。

【实验步骤】

(1) 将下载好的安装软件包 CentOS-7-x86_64-DVD-2009 拷贝至桌面，如图 4-1 所示。

图 4-1 虚拟机安装包

(2) 在电脑桌面找到实验 1 中安装好的虚拟机快捷方式，如图 1-14 所示。

(3) 双击图标，打开虚拟机，如图 4-2 所示。

图 4-2 虚拟机界面

(4) 单击"创建新的虚拟机"，进入"新建虚拟机向导"界面，如图 4-3 所示。

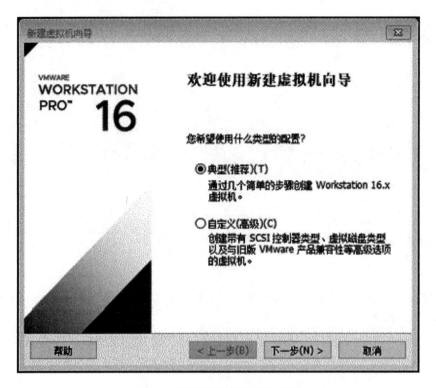

图 4-3 "新建虚拟机向导"界面

(5) 点选"典型 (推荐)",单击"下一步"按钮,进入"安装客户机操作系统"界面,点选"稍后安装操作系统",单击"下一步"按钮,如图 4-4 所示。

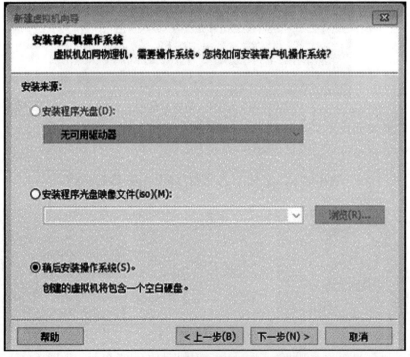

图 4-4 "安装客户机操作系统"界面

(6) 进入"选择客户机操作系统"界面，点选"Linux"，版本选为"CentOS 7 64 位"，单击"下一步"按钮，如图 4-5 所示。

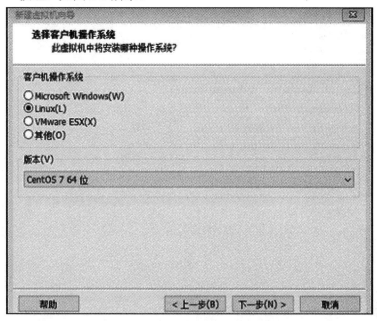

图 4-5 "选择客户机操作系统"界面

(7) 进入"命名虚拟机"界面，虚拟机名称选为"CentOS 7 64 位客户端"，单击"下一步"按钮，如图 4-6 所示。

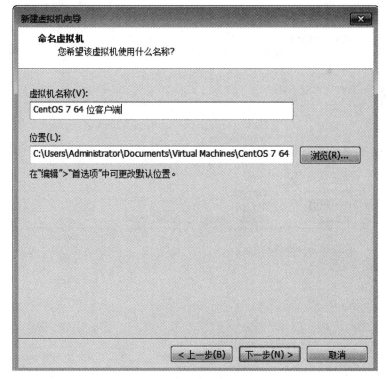

图 4-6 "命名虚拟机"界面

(8) 进入"指定磁盘容量"界面,"最大磁盘大小"选为"10.0",点选"将虚拟磁盘存储为单个文件",如图4-7所示。

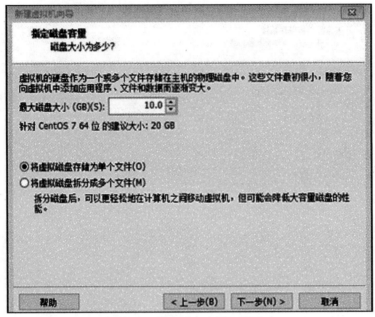

图4-7 "指定磁盘容量"界面

(9) 单击"下一步"按钮,进入"已准备好创建虚拟机"界面,单击"完成"按钮,如图4-8所示。

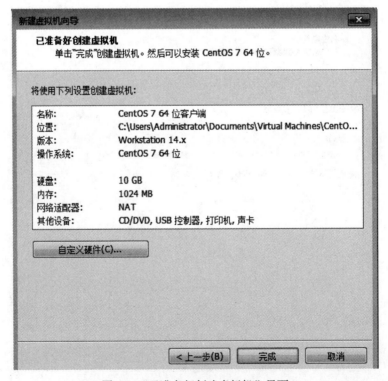

图4-8 "已准备好创建虚拟机"界面

(10) 等待安装，直至安装完成，进入"开启此虚拟机"界面，如图 4-9 所示。

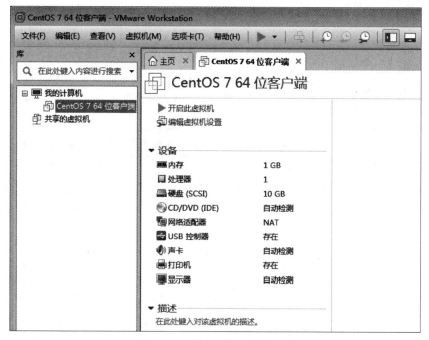

图 4-9　"开启此虚拟机"界面

(11) 单击"编辑虚拟机设置"，进入"虚拟机设置"界面，如图 4-10 所示。

图 4-10　"虚拟机设置"界面

(12) 单击"CD/DVD",将"设备状态"勾选为"启动时连接",将"连接"点选为"使用 ISO 映像文件",如图 4-11 所示。

图 4-11　设置映像文件

(13) 单击"浏览",进入映像文件查找界面,如图 4-12 所示。

图 4-12　映像文件查找界面

(14) 单击"桌面",进入"桌面"界面,如图4-13所示。

图4-13　"桌面"界面

(15) 单击文件"CentOS-7-x86_64-DVD-2009",单击"打开"按钮,回到"虚拟机设置"界面,如图4-14所示。

图4-14　"虚拟机设置"界面

(16) 单击"确定"按钮，回到"开启此虚拟机"界面，如图 4-15 所示。

图 4-15 "开启此虚拟机"界面

(17) 单击"开启此虚拟机"，进入安装选择界面，如图 4-16 所示。

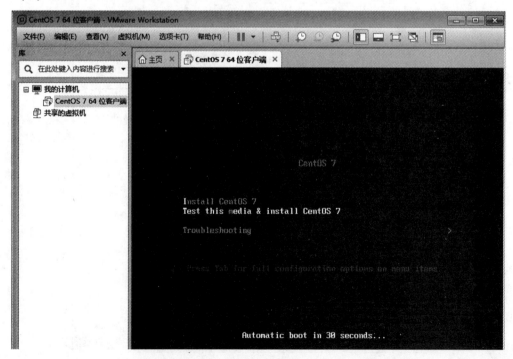

图 4-16 安装选择界面

(18) 单击键盘中的上键"↑"，选择 Install CentOS 7，按回车键，开始安装 Install CentOS 7，等待，直至出现"欢迎使用 CENTOS 7"界面，如图 4-17 所示。

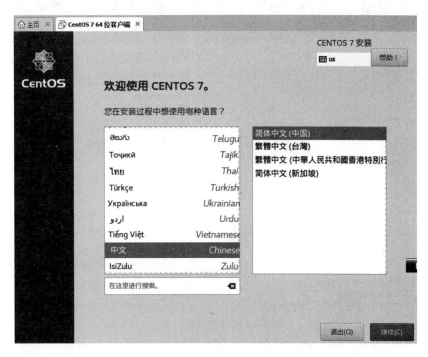

图 4-17　"欢迎使用 CENTOS 7"界面

在界面左边选择"中文"，在右边选择"简体中文 (中国)"，单击"继续"按钮，进入"安装信息摘要"界面，如图 4-18 所示。

图 4-18　"安装信息摘要"界面

(19) 单击"软件选择",进入"软件选择"界面,如图 4-19 所示。

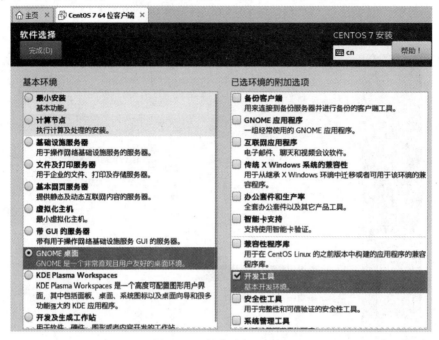

图 4-19 "软件选择"界面

在界面左边点选"GNOME 桌面",在右边勾选"开发工具",单击"完成"按钮,回到"安装信息摘要"界面,如图 4-20 所示。

图 4-20 "安装信息摘要"界面

(20) 单击"安装位置",进入"安装目标位置"界面,将"本地标准磁盘"选为"10 GiB",单击"完成"按钮,如图 4-21 所示。

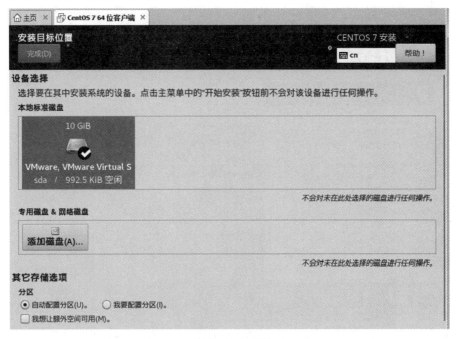

图 4-21　"安装目标位置"界面

(21) 回到"安装信息摘要"界面,如图 4-22 所示。

图 4-22　"安装信息摘要"界面

(22) 单击"系统"中的"网络和主机名",打开"网络和主机名"界面,如图 4-23 所示。

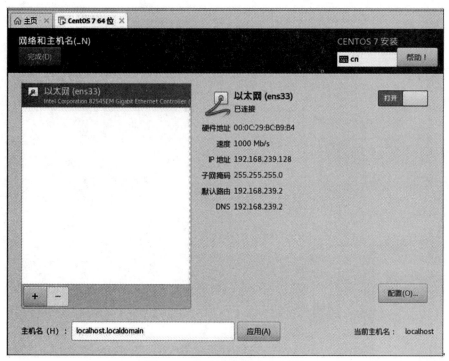

图 4-23 "网络和主机名"界面

(23) 单击"以太网 (ens33)",主机名选为"localhost.localdomain",单击右侧的"打开"按钮,然后单击"完成"按钮,回到"安装信息摘要"界面,如图 4-24 所示。

图 4-24 "安装信息摘要"界面

(24) 单击"开始安装"按钮，进入"配置"界面，如图 4-25 所示。

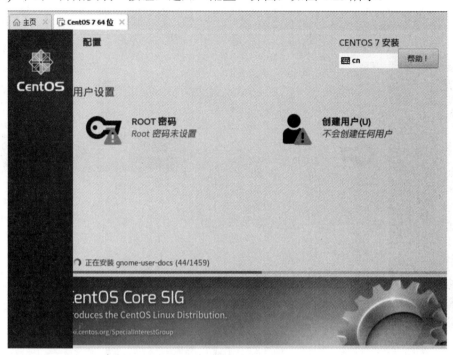

图 4-25　"配置"界面

(25) 在"用户设置"中单击"ROOT 密码"，进入"ROOT 密码"界面，如图 4-26 所示。

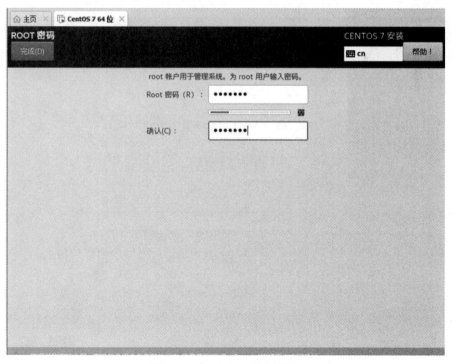

图 4-26　"ROOT 密码"界面

(26) 输入密码"root123"(一定要记住密码),单击两次"完成",回到"配置"界面,单击"创建用户",如图 4-27 所示,进入"创建用户"界面。

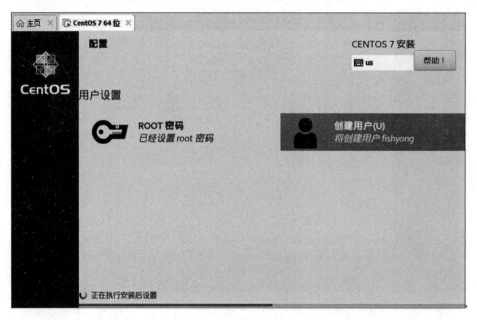

图 4-27 "配置"界面

(27) 输入"全名 (fishyong)"及"密码 (root123)",单击两次"完成"按钮,如图 4-28 所示,回到"配置"界面。

图 4-28 "创建用户"界面

(28) 等待,直至出现"重启"界面,如图4-29所示。

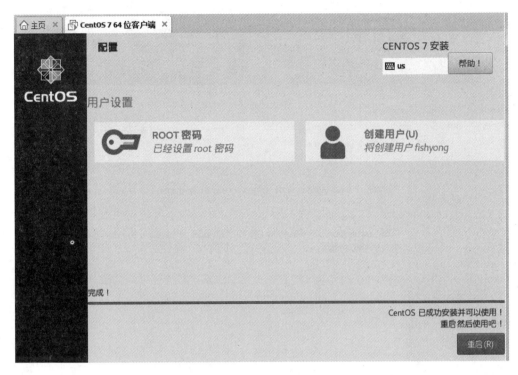

图4-29 "重启"界面

(29) 单击"重启"按钮,等待并进入"初始设置"界面,如图4-30所示。

图4-30 "初始设置"界面

(30) 单击"未接受许可证",进入"许可信息"界面,如图 4-31 所示。

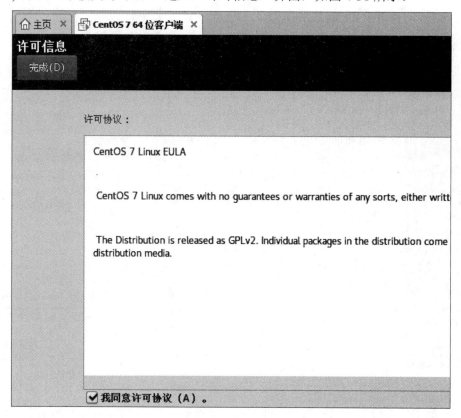

图 4-31 "许可信息"界面

(31) 勾选"我同意许可协议",单击"完成"按钮,回到"初始设置"界面,如图 4-32 所示。

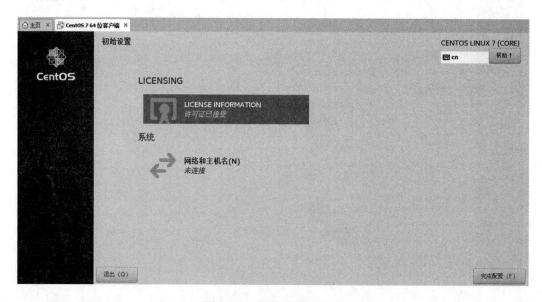

图 4-32 "初始设置"界面

(32) 单击"完成配置"按钮，即可进入系统"欢迎"界面，如图 4-33 所示。

图 4-33　系统"欢迎"界面

(33) 多次单击"前进"按钮，直至出现"在线账号"界面，如图 4-34 所示。

图 4-34　"在线账号"界面

(34) 单击"跳过"按钮，进入"开始使用"界面，如图 4-35 所示。

图 4-35　"开始使用"界面

(35) 单击"开始使用"按钮，进入登录界面，如图 4-36 所示。

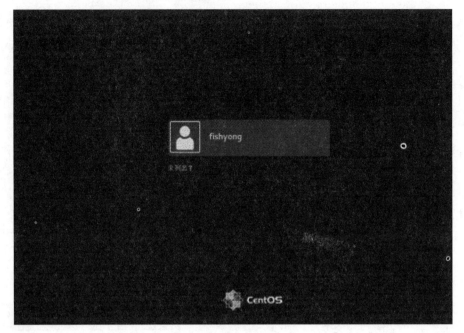

图 4-36　登录界面

 实验5　Linux客户端远程登录Linux服务器

【实验目的】

  (1) 学会用 Linux 客户端密码认证方式远程登录 Linux 操作系统服务器；

  (2) 学会用 Linux 客户端密钥认证方式远程登录 Linux 操作系统服务器。

【预备知识】

一、Linux 操作系统下的密码认证方式登录

  ssh 命令是 Linux 平台连接到 ssh 服务器最常用的命令。其语法格式为

    ssh［参数选项］［用户名 @］ ssh 服务器［命令］

  说明：

  (1)"用户名 @"代表的是指定连接服务器的用户名；若不指定用户名，则默认以 root 用户连接。

  (2) ssh 服务器是需要连接的服务器的 IP 地址或者主机名。

  (3)"命令"代表的是连接到服务器上可以执行特定的命令。

二、Linux 操作系统下的密钥认证方式登录

  在使用 ssh 连接到远程主机时，每次都需要输入远程主机的密码，如有多台服务器需

要通过 ssh 进行管理就比较麻烦。使用密钥认证方式，首先要在本机生成一对密钥文件，再将公钥文件复制到远程主机，这样当私钥文件所在主机连接公钥文件所在主机时就不需要输入密码了。

【实验准备】

要想远程连接 Linux 服务器，需要知道服务器的 IP 地址，在 Linux 操作系统中通过查看网络连接可获得服务器 IP 地址 192.168.171.128，客户端 Linux 操作系统 IP 地址192.168.171.129。

【实验步骤】

(1) 以 Linux 客户端密码认证方式远程登录 Linux 操作系统服务器。

root 登录客户端 Linux 操作系统，单击"应用程序"→"系统工具"→"终端"，进入终端，如图 5-1 所示。

图 5-1　进入终端

在终端中输入如下命令：

[root@localhost2 ~]#ssh 192.168.171.128 回车　　// 远端服务器 IP 地址：192.168.171.128

yes 回车

root123，回车，

即可完成登录，如图 5-2 所示。

```
[root@localhost2 ~]# ssh 192.168.171.128
The authenticity of host '192.168.171.128 (192.168.171.128)' can't be established.
ECDSA key fingerprint is SHA256:hZLyEdLwoxuchiWwfuTZNhxvLmwVJy6IBSJDcrvo4Gg.
ECDSA key fingerprint is MD5:4f:2c:b1:e5:ba:a4:e0:9f:9e:b6:b2:73:bc:29:7c:c3.
Are you sure you want to continue connecting (yes/no)? yes
Warning: Permanently added '192.168.171.128' (ECDSA) to the list of known hosts.
root@192.168.171.128's password:
Last login: Thu Jan  6 10:15:02 2022 from 192.168.171.129
[root@localhost ~]#
```

图 5-2　系统登录

(2) 以 Linux 客户端密钥认证方式远程登录 Linux 操作系统服务器。

在客户端终端输入如下命令：

```
[root@localhost2 ~]# ssh-keygen                    // 命令
Generating public/private rsa key pair.            // 显示信息
Enter file in which to save the key (/root/.ssh/id_rsa):   // 回车
Created directory '/root/.ssh'.                    // 显示信息
Enter passphrase (empty for no passphrase):        // 输入私钥文件密码 ( 建议 root123)，回车
Enter same passphrase again:                       // 再次输入密码 root123
Your identification has been saved in /root/.ssh/id_rsa.   // 以下是显示信息
Your public key has been saved in /root/.ssh/id_rsa.pub.
The key fingerprint is:
SHA256:ExL8Civx6StVxGIVLoSCDRz3fVYlzvRHhACCDo5vI/Q root@localhost2.localdomain
The key's randomart image is:
The key's randomart image is:
+---[RSA 2048]----+
|ooOO*++..       |
|o+E*+=..        |
| ..=+o..  ..    |
| oo... ... |
| .  S.. .. |
| .o.  o o.|
| ..   ..B|
|        oo*|
+----[SHA256]-----+
[root@localhost2 ~]# ls ~/.ssh                     // 查看生成的文件
[root@localhost2 ~]# ssh-copy-id -i ~/.ssh/id_rsa.pub root@192.168.171.128 // 公钥复制到远程主机
/usr/bin/ssh-copy-id: INFO: Source of key(s) to be installed: "/root/.ssh/id_rsa.pub"   // 显示信息
/usr/bin/ssh-copy-id: INFO: attempting to log in with the new key(s), to filter out any that are already
installed
/usr/bin/ssh-copy-id: INFO: 1 key(s) remain to be installed -- if you are prompted now it is to install
the new keys
root@192.168.171.128's password:                   // 输入远端服务器 root 账号的密码 root123
Number of key(s) added: 1
Now try logging into the machine, with:   "ssh 'root@192.168.171.128'"
and check to make sure that only the key(s) you wanted were added.
[root@localhost2 ~]# ssh 192.168.171.128           // 远程登录服务器 192.168.171.128
sign_and_send_pubkey: signing failed: agent refused operation
root@192.168.171.128's password:                   // 输入远端服务器 root 账号的密码 root123
```

弹出的对话框如图 5-3 所示。

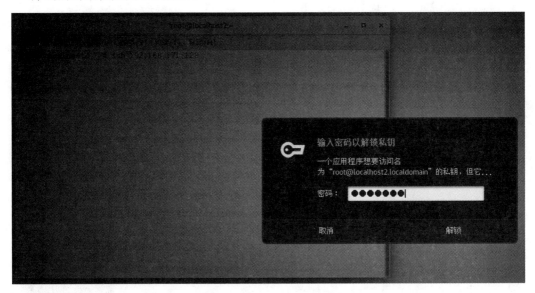

图 5-3　解锁私钥

输入私钥密码"root123",单击"解锁",完成登录,如图 5-4 所示。

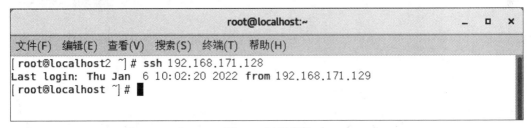

图 5-4　远程登录

 实验6　本地登录Linux服务器

【实验目的】

学会本地登录 Linux 操作系统服务器的方法。

【预备知识】

本地登录服务器,只需知道账号和密码即可登录。

【实验准备】

输入账号"root"、密码"root123"。

【实验步骤】

(1) 打开虚拟机,单击"CentOS 7 64 位",单击"开启此虚拟机",如图 6-1 所示。

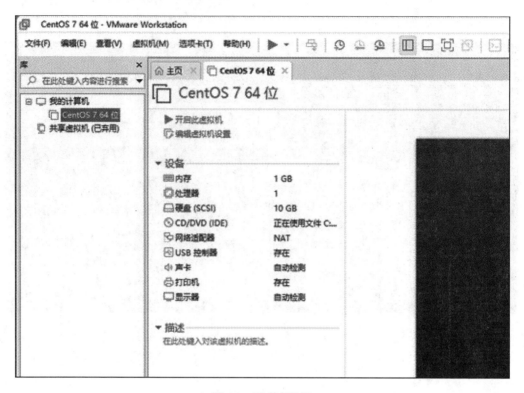

图 6-1　开启虚拟机

(2) 进入登录界面，单击"未列出？"，如图 6-2 所示。

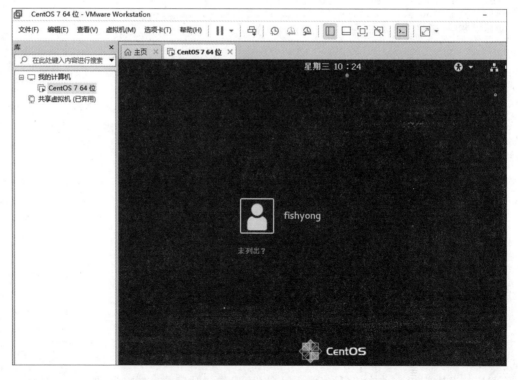

图 6-2　登录界面

（3）输入用户名"root"，单击"下一步"按钮，如图 6-3 所示。

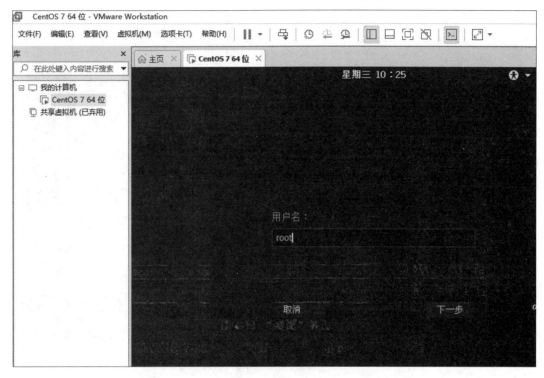

图 6-3　输入用户名

（4）输入密码"root123"，单击"登录"按钮，如图 6-4 所示。

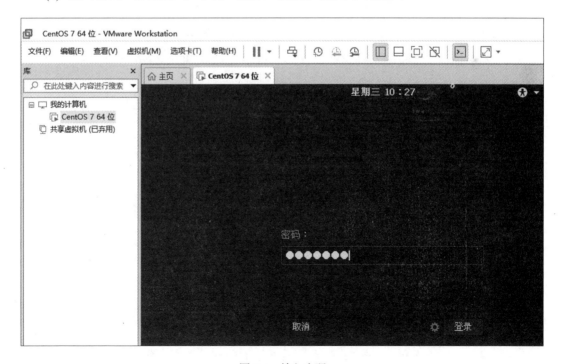

图 6-4　输入密码

(5) 进入服务器主界面，如图 6-5 所示。

图 6-5　服务器主界面

Linux 基本命令及其他命令

项目背景

系统管理员收到人事通知，对新员工实施岗前培训，要求新员工掌握基本的 Linux 命令。

项目分析

Linux 操作系统搭载在虚拟机上，为了实施该项目，开始之前需要作如下准备：

(1) 输入账号"root"、密码"root123"，账号"fishyong"、密码"root123"；

(2) 依据公司要求，整理相关命令，分类讲解。

项目实施

(1) 系统常用技能；

(2) 目录类命令；

(3) 文件操作类命令；

(4) 文件编辑、查看、查找类命令；

(5) 文件压缩、归档类命令；

(6) 其他命令。

 实验7　Linux系统常用技能

【实验目的】

(1) 学会切换终端；

(2) 学会添加中文输入法；

(3) 学会切换中英文；

(4) 学会切换用户；

(5) 学会重启 / 关机。

【预备知识】

Linux 服务器系统在管理和应用过程中，首先需要初步学会系统的常用技能，例如切换终端、切换中英文、切换用户、重启/关机等，为后期管理和使用该系统奠定基础。

【实验准备】

输入账号"root"、密码"root123"，账号"fishyong"、密码"root123"。

【实验步骤】

1. 切换终端

(1) root 本地登录服务器系统，点击"应用程序"→"系统工具"→"终端"，如图
7-1 所示。

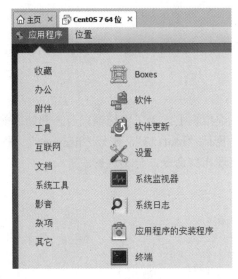

图 7-1　进入终端

(2) 进入终端，在终端输入"init 3"，按回车键，如图 7-2 所示。

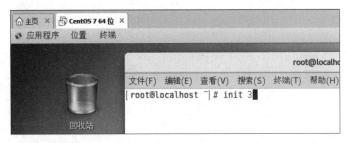

图 7-2　终端

(3) 进入字符登录界面，输入用户名"root"，按回车键，如图 7-3 所示。

图 7-3　字符登录—用户名

（4）输入密码"root123"。

注意：此处密码输入不显示，输入密码后按回车键，如图 7-4 所示。

图 7-4 字符登录——密码

（5）进入字符界面，输入"init 5"，按回车键，如图 7-5 所示。

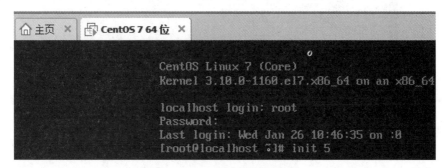

图 7-5 切换至图形化界面

（6）进入"图形化登录"界面，如图 7-6 所示。

图 7-6 "图形化登录"界面

注意：图形化界面转换为字符界面可用快捷键"Ctrl＋Alt＋F2 / F3 / F4 / F5 / F6"；字符界面转换为图形化界面可用快捷键"Ctrl＋Alt＋F7"。

2. 添加中文输入法

(1) 点击"应用程序"→"系统工具"→"设置",如图 7-7 所示。

图 7-7 进入"设置"

(2) 进入"设置"界面,点击"Region & Language"(区域和语言),如图 7-8 所示。

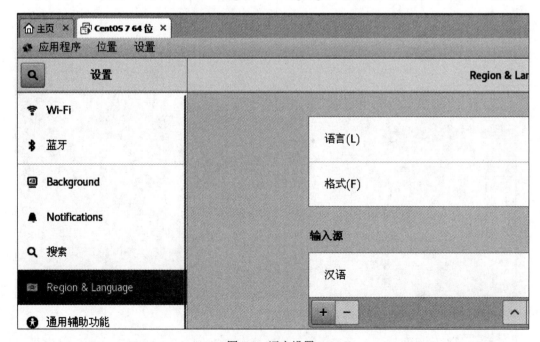

图 7-8 语言设置

(3) 点击"+",进入"添加输入源"界面,如图 7-9 所示。

图 7-9　"添加输入源"界面

(4) 点击"汉语(中国)",进入添加汉语界面,选择"汉语(Intelligent Pinyin)",点击"添加"按钮,如图 7-10 所示。

图 7-10　添加汉语界面

(5) 回到语言设置界面,点击右上角的符号"×",如图 7-11 所示,关闭窗口,回到服务器主界面,如图 7-12 所示。

图 7-11　语言设置界面

图 7-12　服务器主界面

3. 切换中英文

(1) 按下快捷键"Super + Space"(即 Win 键 + 空格键),实现输入法的切换,如图 7-13 所示。

图 7-13　切换输入法 1

(2) 也可以点击主界面语言栏中的"zh",选择"汉语 (Intelligent Pinyin)",如图 7-14 所示。

图 7-14　切换输入法 2

4. 切换用户

输入 su fishyong 命令,按回车键,输入 exit 命令,退出该用户登录,如图 7-15 所示。

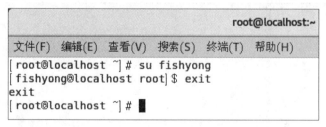

图 7-15　切换用户

5. 重启 / 关闭系统

输入以下代码重启 / 关闭系统:

```
[root@localhost ~]# reboot                                    // 重启
[root@localhost ~]# shutdown -k 10                            // 提示 10 分钟后关机
```

Shutdown scheduled for 五 2022-01-28 10：08：08 CST, use 'shutdown -c' to cancel.

[root@localhost ~]#

Broadcast message from root@localhost.localdomain (Fri 2022-01-28 09：58：08 CST)：

The system is going down for power-off at Fri 2022-01-28 10：08：08 CST!

[root@localhost ~]# shutdown –c   //取消上一步关机命令

Broadcast message from root@localhost.localdomain (Fri 2022-01-28 10：02：32 CST)：

The system shutdown has been cancelled at Fri 2022-01-28 10：03：32 CST!

[root@localhost ~]# shutdown –r +10   //10 分钟后关机并重启

[root@localhost ~]# shutdown –h +10   //10 分钟后关机

 # 实验8　Linux基本命令——目录类命令

【实验目的】

(1) 学会使用 pwd 命令；

(2) 学会使用 cd、ls 命令；

(3) 学会使用 mkdir 命令；

(4) 学会使用 rmdir 命令；

(5) 学会使用 rm 命令删除目录。

【预备知识】

一、Linux 命令的特点

(1) 在 Linux 系统中，命令区分大小写，文件执行情况与后缀名没有太大的关系，主要看文件的属性，即不像 Windows 系统通过后缀名判定文档。

(2) 在命令行中，可以使用 Tab 键来自动补齐命令，即可以只输入命令的前几个字母，然后按 Tab 键，系统将自动补齐命令；若命令不止一个，则显示出所有与输入字符相匹配的命令。

(3) 利用向上或向下的方向键，可以翻查曾经执行过的历史命令，并可以再次执行命令。

(4) 如果要在一个命令行上输入和执行多条命令，可以使用分号来分隔命令。

(5) 如果屏幕上的内容较多，可以按 Ctrl + L 快捷键来清屏。

(6) 如果不记得命令的用法或参数信息，可以借助"--help"或者"-?"查看用法及参数。

(7) history 命令用于显示历史执行过的命令。history 命令默认会保存 1000 条执行过的命令。

(8) Linux 系统中，用"."代表当前目录，用".."代表当前目录的父目录。

二、绝对路径与相对路径

(1) 绝对路径是从"/"开始的路径，如 /usr/bin、/dev/sda。

(2) 相对路径不是从"/"开始，而是从当前目录开始的路径，如 dev/sdb、../home/fishyoung。

三、Linux 文件系统目录结构

Linux 文件系统采用带链接的树形目录结构，即只有一个根目录 (通常用 "/" 表示)，其中含有下级子目录或文件的信息，子目录中又可含有其下级的子目录或者文件的信息，这样一层一层地延伸下去，如图 8-1 所示。

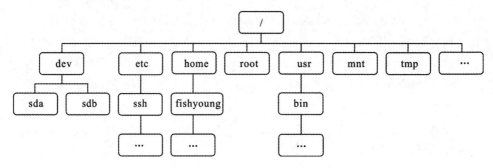

图 8-1　Linux 文件系统目录结构

四、目录类命令

(1) pwd 命令：用于显示用户当前所处的工作目录，如果用户不清楚当前所处的目录，就可以使用此命令。

(2) man 命令：用于在学习过程中如果不记得命令的用法或参数信息，可以使用此命令获得详细的帮助信息。

(3) cd 命令：用于切换工作路径，如果用户想切换到其他目录，就可以使用此命令。

(4) ls 命令：用于显示目录中的文件信息。其语法格式为

ls [参数选项][文件或路径]

说明：ls 是 LS 的小写，"[ ]" 里面的参数选项不是必需的，应根据实际情况搭配使用。

(5) mkdir 命令：用来创建目录。其语法格式为

mkdir [参数选项] [目录名称]

(6) rmdir 命令：用来删除空目录。其语法格式为

rmdir [参数选项] [目录名称]

(7) rm 命令：用来删除文件或目录。其语法格式为

rm [参数选项] [目录名称]

【实验准备】

输入账号 "root"、密码 "root123"，账号 "fishyong"、密码 "root123"。

【实验步骤】

(1) Linux 区分大小写命令：

```
[root@localhost ~]# history              // 正确命令，小写 h
  1  history
[root@localhost ~]# History              // 错误命令，大写 H
bash：History：未找到命令 ...
```

[root@localhost ~]#

(2) Tab 键自动补齐命令：

[root@localhost ~]# h 按两次 Tab 键   // 显示出所有与输入字符相匹配的命令

h2ph	hdmv_test	hostname
halt	hdsploader	hostnamectl
handle-sshpw	head	hpcups-update-ppds
hangul	help	hpijs
hardlink	hesinfo	hunspell
hash	hex2hcd	hwclock
hciattach	hexdump	hypervfcopyd
hciconfig	history	hypervkvpd
hcidump	host	hypervvssd
hcitool	hostid	

[root@localhost ~]# hi 按一次 Tab 键   // 自动补齐为：history，因为 hi 开头只有 history

[root@localhost ~]# history

(3) 向上、向下方向键，翻出历史命令并回车执行命令：

[root@localhost ~]# history   // 第一次按向上键

[root@localhost ~]# History   // 第二次按向上键

[root@localhost ~]# history   // 第三次按向上键

(4) 分号分隔多个命令：

[root@localhost ~]# pwd；ls

/root

anaconda-ks.cfg	公共 视频 文档 音乐
initial-setup-ks.cfg	模板 图片 下载 桌面

[root@localhost ~]#

(5) Ctrl + L 快捷键清屏：

终端屏幕显示如下：

1 history   // 清屏前

[root@localhost ~]# History

bash：History：未找到命令 ...

[root@localhost ~]# h

h2ph	hdmv_test	hostname
halt	hdsploader	hostnamectl
handle-sshpw	head	hpcups-update-ppds
hangul	help	hpijs
hardlink	hesinfo	hunspell
hash	hex2hcd	hwclock
hciattach	hexdump	hypervfcopyd
hciconfig	history	hypervkvpd

```
hcidump          host                 hypervvssd
hcitool          hostid
[root@localhost ~]# history
    1  history
    2  History
    3  history
[root@localhost ~]# pwd；ls
/root
anaconda-ks.cfg     公共  视频  文档  音乐
initial-setup-ks.cfg  模板  图片  下载  桌面
[root@localhost ~]# ^C
[root@localhost ~]#
```

按下快捷键 Ctrl＋L 后，屏幕显示如下：

```
[root@localhost ~]#                                    // 清屏后
```

(6) "--help" "-?" 的用法：

--help 的用法：

```
[root@localhost ~]# passwd --help
```

显示信息如下：

```
用法：passwd [ 选项 ...]    ＜账号名称＞
    -k, --keep-tokens      保持身份验证令牌不过期
    -d, --delete           删除已命名账号的密码 ( 只有根用户才能进行此操作 )
    -l, --lock             锁定指名账户的密码 ( 仅限 root 用户 )
    -u, --unlock           解锁指名账户的密码 ( 仅限 root 用户 )
    -e, --expire           终止指名账户的密码 ( 仅限 root 用户 )
    -f, --force            强制执行操作
    -x, --maximum=DAYS     密码的最长有效时限 ( 只有根用户才能进行此操作 )
    -n, --minimum=DAYS     密码的最短有效时限 ( 只有根用户才能进行此操作 )
    -w, --warning=DAYS     在密码过期前多少天开始提醒用户 ( 只有根用户才能进行此操作 )
    -i, --inactive=DAYS    当密码过期后经过多少天该账号会被禁用 ( 只有根用户才能进行此操作 )
    -S, --status           报告已命名账号的密码状态 ( 只有根用户才能进行此操作 )
    --stdin                从标准输入读取令牌 ( 只有根用户才能进行此操作 )
Help options:
    -?, --help             显示帮助信息
    --usage                显示简短的使用信息
```

-? 的用法：

```
[root@localhost ~]# passwd -?
```

显示信息如下：

```
用法：passwd [ 选项 ...]   < 账号名称 >
-k, --keep-tokens          保持身份验证令牌不过期
-d, --delete               删除已命名账号的密码 ( 只有根用户才能进行此操作 )
-l, --lock                 锁定指名账户的密码 ( 仅限 root 用户 )
-u, --unlock               解锁指名账户的密码 ( 仅限 root 用户 )
-e, --expire               终止指名账户的密码 ( 仅限 root 用户 )
-f, --force                强制执行操作
-x, --maximum=DAYS         密码的最长有效时限 ( 只有根用户才能进行此操作 )
-n, --minimum=DAYS         密码的最短有效时限 ( 只有根用户才能进行此操作 )
-w, --warning=DAYS         在密码过期前多少天开始提醒用户 ( 只有根用户才能进行此操作 )
-i, --inactive=DAYS        当密码过期后经过多少天该账号会被禁用 ( 只有根用户才能进行此操作 )
-S, --status               报告已命名账号的密码状态 ( 只有根用户才能进行此操作 )
--stdin                    从标准输入读取令牌 ( 只有根用户才能进行此操作 )
Help options:
-?, --help                 显示帮助信息
--usage                    显示简短的使用信息
[root@localhost ~]#
```

(7) history 命令的用法：

```
[root@localhost ~]# history
    1  history
    2  History
    3  history
    4  pwd；ls
    5  history
    6  passwd --help
    7  passwd -?
    8  history --help
[root@localhost ~]# history –c            // 删除历史命令
[root@localhost ~]# history               // 再次查看历史命令
    1  history
```

(8) pwd 命令的用法：

```
[root@localhost ~]# pwd                   // 显示当前目录
/root
[root@localhost ~]# cd /etc               // 进入目录 /etc
[root@localhost etc]# pwd                 // 显示当前目录
/etc
[root@localhost etc]#
```

(9) man 命令：查看命令的用法及参数信息。

[root@localhost ~]# man pwd   // 查看 pwd 命令的用法及参数

显示信息如图 8-2 所示。

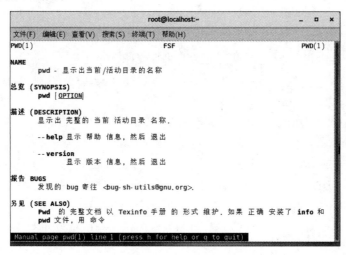

图 8-2　man 命令

滑动图 8-2 中右边的滚动条，可查看更多信息；按字母 "h"，可查看帮助信息；按字母 "q"，可退出。

(10)　cd 命令：切换目录。

[root@localhost ~]# cd /etc	// 切换当前目录至 /etc
[root@localhost etc]# cd /etc/ssh	// 切换当前目录至 /etc/ssh
[root@localhost ssh]# cd -	// 返回到上一次的目录 /etc
/etc	
[root@localhost etc]# cd -	// 返回到上一次的目录 /etc/ssh
/etc/ssh	
[root@localhost ssh]# cd -	// 返回到上一次的目录 /etc
/etc	
[root@localhost etc]# cd -	// 返回到上一次的目录 /etc/ssh
/etc/ssh	
[root@localhost ssh]# cd	// 切换到 root 用户家目录
[root@localhost ~]# pwd	// 查看当前目录
/root	
[root@localhost ~]# cd /etc/ssh	// 切换当前目录至 /etc/ssh
[root@localhost ssh]# cd -	// 返回到上一次的目录 /root
/root	
[root@localhost ~]# cd 桌面	// 切换当前目录至桌面 (Desktop)
[root@localhost 桌面]# cd	// 切换到 root 用户家目录
[root@localhost ~]# cd ~fishyong	// "cd ~username" 命令切换到其他用户的家目录
[root@localhost fishyong]# pwd	

/home/fishyong

[root@localhost fishyong]# cd ~　　　　　　　// "cd ~" 命令切换到当前用户的家目录

[root@localhost ~]#

(11) ls 命令：当前用户是 root，查看 fishyong 用户家目录中的文件信息。

[root@localhost ~]# su fishyong　　　　　　// 切换用户至 fishyong

[fishyong@localhost root]$ cd　　　　　　　// 切换至用户 fishyong 家目录

[fishyong@localhost ~]$ pwd　　　　　　　　// 查看当前目录

/home/fishyong

[fishyong@localhost ~]$ ls –help　　　　　　// 查看 ls 命令的语法结构及参数

[fishyong@localhost ~]$ ls　　　　　　　　　// 查看当前目录下的文件及目录

公共　模板　视频　图片　文档　下载　音乐　桌面

[fishyong@localhost ~]$ ls -a　　　　　　　// 查看当前目录所有文件 (包括隐含文件及目录)

.　　.bash_logout　　.cache　.esd_auth　.mozilla　视频　下载

..　　.bash_profile　　.config　.ICEauthority　公共　图片　音乐

.bash_history　.bashrc　.dbus　.local　模板　文档　桌面

[fishyong@localhost ~]$ ls -A　　　　　　　// 列出除 . 及 .. 以外的任何项目

.bash_history .bashrc .dbus .local　　模板　文档　桌面

.bash_logout　.cache　.esd_auth　.mozilla　视频　下载

.bash_profile　.config　.ICEauthority　公共　图片　音乐

[fishyong@localhost ~]$ ls -l　　　　　　　// 长格式查看文件的属性、大小等详细信息

总用量 0

drwxr-xr-x. 2 fishyong fishyong 6 1 月　　31 09：01 公共

drwxr-xr-x. 2 fishyong fishyong 6 1 月　　31 09：01 模板

drwxr-xr-x. 2 fishyong fishyong 6 1 月　　31 09：01 视频

drwxr-xr-x. 2 fishyong fishyong 6 1 月　　31 09：01 图片

drwxr-xr-x. 2 fishyong fishyong 6 1 月　　31 09：01 文档

drwxr-xr-x. 2 fishyong fishyong 6 1 月　　31 09：01 下载

drwxr-xr-x. 2 fishyong fishyong 6 1 月　　31 09：01 音乐

drwxr-xr-x. 2 fishyong fishyong 6 1 月　　31 09：01 桌面

[fishyong@localhost ~]$ ls -R　　　　　　　// 查看当前目录及子目录下的文件名

.:

公共　模板　视频　图片　文档　下载　音乐　桌面

./公共：

./模板：

./视频：

./图片：

./文档：

./下载：

./音乐：

./桌面：

[fishyong@localhost ~]$ ls –ld　　　　　　　// 查看当前目录的属性信息

drwx------. 15 fishyong fishyong 4096 1 月　31 09：01 .

(12) ls 命令：当前用户 fishyong，查看 /root 目录中的文件信息。

[fishyong@localhost ~]$ ls -l /root　　　　　// 查看 /root 目录

ls: 无法打开目录 /root: 权限不够

[fishyong@localhost ~]$ su root　　　　　　// 切换用户为 root

密码：　　　　　　　　　　　　　　　// 输入用户为 root 的密码 root123，并按回车键

[root@localhost fishyong]# cd　　　　　　　// 切换至用户 root 家目录

[root@localhost ~]# ls -l /root　　　　　　　// 查看 /root 目录中的文件信息

总用量 8

-rw-------. 1 root root 1770 1 月　25 00：43 anaconda-ks.cfg

-rw-r--r--. 1 root root 1818 1 月　25 00：49 initial-setup-ks.cfg

drwxr-xr-x. 2 root root　　6 1 月　25 00：50 公共

drwxr-xr-x. 2 root root　　6 1 月　25 00：50 模板

drwxr-xr-x. 2 root root　　6 1 月　25 00：50 视频

drwxr-xr-x. 2 root root　　6 1 月　25 00：50 图片

drwxr-xr-x. 2 root root　　6 1 月　25 00：50 文档

drwxr-xr-x. 2 root root　　6 1 月　25 00：50 下载

drwxr-xr-x. 2 root root　　6 1 月　25 00：50 音乐

drwxr-xr-x. 2 root root　　6 1 月　25 00：50 桌面

(13) ls 命令：root 用户下直接查看 fishyong 用户家目录属性、大小等详细信息。

[root@localhost ~]# ls -l /home/fishyong

总用量 0

drwxr-xr-x. 2 fishyong fishyong 6 1 月　31 09：01 公共

drwxr-xr-x. 2 fishyong fishyong 6 1 月　31 09：01 模板

drwxr-xr-x. 2 fishyong fishyong 6 1 月　31 09：01 视频

drwxr-xr-x. 2 fishyong fishyong 6 1 月　31 09：01 图片

drwxr-xr-x. 2 fishyong fishyong 6 1 月　31 09：01 文档

drwxr-xr-x. 2 fishyong fishyong 6 1 月　31 09：01 下载

drwxr-xr-x. 2 fishyong fishyong 6 1 月　31 09：01 音乐

drwxr-xr-x. 2 fishyong fishyong 6 1 月　31 09：01 桌面

(14) mkdir 命令：在当前目录中创建目录 A/B/C，并检查创建的目录是否正确。

[root@localhost ~]# mkdir A　　　　　　　　　// 创建目录 A

[root@localhost ~]# mkdir A/B　　　　　　　　// 在目录 A 中创建目录 B

[root@localhost ~]# mkdir A/B/C　　　　　　　// 在目录 B 中创建目录 C

[root@localhost ~]# cd A　　　　　　　　　　// 进入目录 A

[root@localhost A]# ls –l　　　　　　　　　　// 长格式查看目录 A 中的目录及文件

总用量 0

drwxr-xr-x. 3 root root 15 2 月　2 14: 23 B

[root@localhost A]# cd B　　　　　　　　　// 进入目录 B

[root@localhost B]# ls　　　　　　　　　　// 长格式查看目录 B 中的目录及文件

C

(15) mkdir 命令：加 -p 参数，在当前目录中创建目录 D/E/F，并检查创建的目录是否正确。

[root@localhost ~]# mkdir -p D/E/F　　// 创建级联目录，如果上级目录不存在，自动创建

[root@localhost ~]# ls D

E

[root@localhost ~]# ls D/E

F

(16) rmdir 命令：删除空目录。

例如，删除第 (14) 项中创建的目录 A、B、C。

[root@localhost ~]# rmdir A　　　　　　　// 删除目录 A

rmdir：删除 "A" 失败：目录非空　　　　　// 报错，不能删除

[root@localhost ~]# rmdir A/B　　　　　　// 删除目录 A

rmdir：删除 "A/B" 失败：目录非空　　　　// 报错，不能删除

[root@localhost ~]# rmdir A/B/C　　　　　// 删除目录 C

[root@localhost ~]# rmdir A/B　　　　　　// 删除目录 B

[root@localhost ~]# rmdir A　　　　　　　// 删除目录 A

[root@localhost ~]# ls　　　　　　　　　　// 删除成功，当前目录下没有 A 目录

1.txt　　D　公共　视频　文档　音乐

anaconda-ks.cfg　initial-setup-ks.cfg　模板　图片　下载　桌面

(17) rmdir 命令：删除空目录。

例如，加 -p 参数删除第 (15) 项中创建的目录 D、E、F。

[root@localhost ~]# rmdir -p D/E/F　　　　　　　// 删除级联空目录 D、E、F

[root@localhost ~]# ls　　　　　　　　　　　　　// 删除成功，当前目录下没有 D 目录

1.txt　initial-setup-ks.cfg　模板　图片　下载　桌面

anaconda-ks.cfg　公共　视频　文档　音乐

(18) rm 命令：删除文件或者目录，用 –help 查看 rm 命令参数，先创建目录，后删除目录。其语法格式为：

rm [参数] [文件或目录 ...]

补充说明：执行 rm 命令可删除文件或目录，如欲删除目录，必须加上参数 "-r"，否则仅删除文件。

参数：

-d：直接把欲删除的目录的硬连接数据删成 0，删除该目录。

-f：强制删除文件或目录。

-i：删除既有文件或目录之前先询问用户。

-r 或 -R：递归处理，将指定目录下的所有文件及子目录一并处理。

-v：显示指令执行过程。

--help：在线帮助。

--version：显示版本信息。

例如：

```
[root@localhost ~]# rm --help
[root@localhost ~]# mkdir -p A/{B..F}          // 创建目录 A 及 A 下的 B、C、D、E、F
[root@localhost ~]# ls                         // 查看当前目录下的文件及目录
1.txt anaconda-ks.cfg  公共  视频  文档  音乐
A  initial-setup-ks.cfg  模板  图片  下载  桌面
[root@localhost ~]# ls A                       // 查看 A 目录下的文件及目录
B C D E F
[root@localhost ~]# rm -r A/B                   // 删除 B 目录
rm：是否删除目录 "A/B" ? y                       // 输入 y 确认删除
[root@localhost ~]# rm -rf A/C                  // 强制删除 C 目录
[root@localhost ~]# rm -rf A                    // 强制删除 A 目录及子目录
[root@localhost ~]# ls                         // 查看当前目录下的文件及目录
1.txt  initial-setup-ks.cfg  模板  图片  下载  桌面
anaconda-ks.cfg  公共  视频  文档  音乐
```

实验9　Linux基本命令——文件操作类命令

【实验目的】

(1) 学会使用 touch 命令；

(2) 学会使用 cp 命令；

(3) 学会使用 mv 命令；

(4) 学会使用 ln 命令。

【预备知识】

对于日常的工作来说，一定要掌握对文件的创建、复制、更名、移动、删除等操作。同时，Linux 系统中的 ln 命令能够让用户创建出两种不同类型的文件快捷方式，一定要注意区分。

(1) ln 命令用来为文件创建链接，链接类型分为硬链接 (hard link) 和软链接 (symbolic link，符号链接) 两种，默认的链接类型是硬链接。若要创建软链接，则必须使用 "-s" 参数选项。其语法格式为：

　　ln［参数］源文件或目录 链接名

创建硬链接：

　　ln 文件名 链接名

创建软链接：

　　ln -s 文件名 链接名

(2) 硬链接可以被理解为一个"指向原始文件 inode 的指针",系统不为它分配独立的 inode 与文件,所以实际上硬链接文件与原始文件是同一个文件,只是名字不同。于是每添加一个硬链接,该文件的 inode 连接数就会增加 1,直到该文件的 inode 连接数归 0 才是彻底删除。概括来说,因为硬链接实际就是指向原文件 inode 的指针,即使原始文件被删除,依然可以通过链接文件访问,但是不能跨文件系统也不能链接目录文件。在硬链接的情况下,参数中的源文件被链接至"链接名"。如果"链接名"是一个目录名,系统将在该目录之下建立一个或多个与源文件同名的链接文件,链接文件和被链接文件的内容完全相同。如果"链接名"是一个文件,用户将被告知该文件已存在且不进行链接。如果指定了多个"目标"参数,那么最后一个参数必须为目录。

(3) 软链接也称为符号链接,即"仅仅包含它所要链接文件的路径名",因此能进行目录链接,也可以跨越文件系统,但原始文件被删除后链接文件也将失效。符号链接类似于 Windows 操作系统下的快捷方式。"链接名"可以是任何一个文件名 (可包含路径),也可以是一个目录,并且允许它与"目标"不在同一个文件系统中。如果"链接名"已经存在但不是目录,将不做链接。如果"链接名"是一个已经存在的目录,系统将在该目录下建立一个或多个与"目标"同名的文件,此新建的文件实际上是指向原"目标"的符号链接文件。值得注意的是,在做符号链接时一定要使用绝对地址。

【实验准备】

输入账号"root"、密码"root123",账号"fishyong"、密码"root123"。

【实验步骤】

(1) touch 命令:用来创建空白文件,如果该文件存在,就表示修改当前文件时间。先创建文件 1.txt,再修改时间。

其语法格式为:

touch [参数] [文件名]

补充说明:在修改一个文件前先查看文件的修改时间,再通过 touch 命令将修改后的文件时间伪装成自己没有动过的样子,这是很多黑客采取的做法,因此要引起注意。

参数:

-a:仅修改"访问时间"(atime)。

-m:仅修改"更改时间"(mtime)。

-d:同时修改 atime 与 mtime。

例如:

```
[root@localhost ~]# touch 1.txt                          // 创建空白文件 1.txt
[root@localhost ~]# ls -l 1.txt                          // 长格式显示文件 1.txt
-rw-r--r--. 1 root root 0 2 月     7 15: 39 1.txt
[root@localhost ~]# touch -d "2022-2-6 11: 11" 1.txt     // 同时修改访问时间和更改时间
[root@localhost ~]# ls -l 1.txt                          // 长格式显示文件 1.txt
-rw-r--r--. 1 root root 0 2 月     6 11: 11 1.txt
```

(2) cp 命令:复制文件或者目录。在当前目录中,将 (1) 中创建的文件 1.txt 复制到 A 目录;1.txt 复制为 2.txt,复制两次;将 A 目录复制为 B 目录,并验证结果。

其语法格式为：

    cp [参数] 源文件 目标文件

补充说明：在 Linux 系统中的复制操作具体分为三种情况：第一种情况是若目标文件是目录，则会将源文件复制到该目录中；第二种情况是若目标文件是不存在的，则会将源文件修改成目标文件的名称，类似于重命名的操作；第三种情况是若目标文件也是个普通文件，则会提示是否要覆盖它。

参数：

-p：保留原始文件的属性。

-d：若对象为"链接文件"，则保留该"链接文件"的属性。

-r：递归持续复制 (用于目录)。

-i：若目标文件存在，则询问是否覆盖。

-a：相当于 -pdr(p、d、r 为上述的参数)。

例如：

```
[root@localhost ~]# mkdir A            // 当前目录创建 A 目录
[root@localhost ~]# ls                 // 显示当前目录下的文件及目录
1.txt anaconda-ks.cfg 公共 视频 文档 音乐
A initial-setup-ks.cfg 模板 图片 下载 桌面
[root@localhost ~]# cp 1.txt A         // 复制文件到目录 A
[root@localhost ~]# ls A               // 显示目录 A 中的文件及目录，确认成功
1.txt
[root@localhost ~]# cp 1.txt 2.txt     // 复制文件 1.txt 为 2.txt
[root@localhost ~]# ls                 // 显示当前目录下的文件及目录，确认操作
1.txt A initial-setup-ks.cfg 模板 图片 下载 桌面
2.txt anaconda-ks.cfg 公共 视频 文档 音乐
[root@localhost ~]# cp 1.txt 2.txt     // 再次复制文件 1.txt 为 2.txt，弹出覆盖询问
cp: 是否覆盖 "2.txt"？y
[root@localhost ~]# ls                 // 显示当前目录下的文件及目录，确认成功
1.txt A initial-setup-ks.cfg 模板 图片 下载 桌面
2.txt anaconda-ks.cfg 公共
[root@localhost ~]# cp A B             // 复制目录 A 为 B，弹出错误
cp: 略过目录 "A"
[root@localhost ~]# ls                 // 显示当前目录下的文件及目录，确认没有成功
1.txt A initial-setup-ks.cfg 模板 图片 下载 桌面
2.txt anaconda-ks.cfg 公共 视频 文档 音乐
[root@localhost ~]# cp -r A B          // 复制目录 A 为 B
[root@localhost ~]# ls                 // 显示当前目录下的文件及目录，确认成功
1.txt A B 公共 视频 文档 音乐
2.txt anaconda-ks.cfg initial-setup-ks.cfg 模板
```

图片 下载 桌面

[root@localhost ~]# ls B　　　　　　　　// 显示 B 目录下的文件及目录，确认成功

1.txt

(3) cp 命令：复制文件或者目录。在 fishyong 用户家目录中创建文件 test.txt，用 root 账户将该文件复制为 test1.txt，保留原始属性复制为 test2.txt，并验证结果。

例如：

[root@localhost ~]# su fishyong　　　　　　　// 切换用户 fishyong

[fishyong@localhost root]$ pwd　　　　　　　// 查看当前目录，不是 fishyong 家目录

/root

[fishyong@localhost root]$ cd /home/fishyong　　// 切换目录至 fishyong 家目录

[fishyong@localhost ~]$ ll　　　　　　　// 显示 fishyong 家目录下的文件及目录

总用量 0

drwxr-xr-x. 2 fishyong fishyong 6 1 月　31 09：01 公共

drwxr-xr-x. 2 fishyong fishyong 6 1 月　31 09：01 模板

drwxr-xr-x. 2 fishyong fishyong 6 1 月　31 09：01 视频

drwxr-xr-x. 2 fishyong fishyong 6 1 月　31 09：01 图片

drwxr-xr-x. 2 fishyong fishyong 6 1 月　31 09：01 文档

drwxr-xr-x. 2 fishyong fishyong 6 1 月　31 09：01 下载

drwxr-xr-x. 2 fishyong fishyong 6 1 月　31 09：01 音乐

drwxr-xr-x. 2 fishyong fishyong 6 1 月　31 09：01 桌面

[fishyong@localhost ~]$ touch test.txt　　　　// 创建文件 test.txt

[fishyong@localhost ~]$ su　　　　　　　// 退回到 root 账户

密码：

[root@localhost fishyong]# pwd　　　　　　　// 查看当前目录

/home/fishyong

[root@localhost fishyong]# cp test.txt test1.txt　　// 复制一份为 test1.txt

[root@localhost fishyong]# cp -p test.txt test2.txt　// 复制一份为 test2.txt

[root@localhost fishyong]# ll　　　　　　　// 长格式查看 3 个文件，并对比差异

总用量 0

-rw-r--r--. 1 root　root　0 2 月　7 20：30 test1.txt

-rw-rw-r--. 1 fishyong fishyong 0 2 月　7 20：29 test2.txt

-rw-rw-r--. 1 fishyong fishyong 0 2 月　7 20：29 test.txt

drwxr-xr-x. 2 fishyong fishyong 6 1 月　31 09：01 公共

drwxr-xr-x. 2 fishyong fishyong 6 1 月　31 09：01 模板

drwxr-xr-x. 2 fishyong fishyong 6 1 月　31 09：01 视频

drwxr-xr-x. 2 fishyong fishyong 6 1 月　31 09：01 图片

drwxr-xr-x. 2 fishyong fishyong 6 1 月　31 09：01 文档

drwxr-xr-x. 2 fishyong fishyong 6 1 月　31 09：01 下载

drwxr-xr-x. 2 fishyong fishyong 6 1 月　31 09：01 音乐

drwxr-xr-x. 2 fishyong fishyong 6 1 月 31 09：01 桌面

（4）mv 命令：重命名或者移动文件或者目录。将（1）创建的文件 1.txt 重命名为 3.txt，然后将 3.txt 移动至目录 A，并验证结果。

其语法格式为：

mv［选项］源文件［目标路径 | 目标文件名］

补充说明：剪切操作不同于复制操作，它会默认将源文件删除掉，用户就只有剪切后的文件了。如果对一个文件在同一个目录中进行剪切操作，其实就相当于重命名。

例如：

[root@localhost ~]# ls A	// 查看目录 A 中的文件
1.txt	
[root@localhost ~]# ls	// 查看当前目录中的文件
1.txt A B 公共 视频 文档 音乐	
2.txt anaconda-ks.cfg initial-setup-ks.cfg 模板	
图片 下载 桌面	
[root@localhost ~]# mv 1.txt 3.txt	// 将文件名改为 3.txt
[root@localhost ~]# ls	// 验证重命名成功
2.txt A B 公共 视频 文档 音乐	
3.txt anaconda-ks.cfg initial-setup-ks.cfg	
模板 图片 下载 桌面	
[root@localhost ~]# mv 3.txt A	// 将文件 3.txt 移至目录 A
[root@localhost ~]# ls	// 验证文件 3.txt 已被移动
2.txt anaconda-ks.cfg initial-setup-ks.cfg 模板	
图片 下载 桌面	
A B 公共 视频 文档 音乐	
[root@localhost ~]# ls A	// 验证 3.txt 已被移动至 A
1.txt 3.txt	

（5）ln 命令：复制文件或者目录。在当前目录中，创建文件 4.txt，给 4.txt 创建硬链接 hard1.txt；在 A 目录中，创建 4.txt 文件的软链接 soft1.txt、硬链接 hard2.txt；给 A 目录创建符号链接 Test 及 /tmp/Test，并验证结果。

补充说明：ln 命令的功能是为某一文件在另外一个位置建立一个同步的链接。当在不同的目录中用到相同的文件时，不需要在每个目录下放同一个文件，只需要在某个固定位置放上该文件，其他目录下用 ln 命令链接它即可。

例如：

[root@localhost ~]# touch 4.txt	// 创建文件 4.txt
[root@localhost ~]# ll	
总用量 8	
-rw-r--r--. 1 root root 0 2 月 7 16：29 1.txt	
-rw-r--r--. 1 root root 0 2 月 9 11：32 4.txt	
drwxr-xr-x. 2 root root 32 2 月 8 15：13 A	

-rw-------. 1 root root 1770 1 月 25 00：43 anaconda-ks.cfg

drwxr-xr-x. 2 root root 19 2 月 7 16：35 B

-rw-r--r--. 1 root root 1818 1 月 25 00：49 initial-setup-ks.cfg

drwxr-xr-x. 2 root root 6 1 月 25 00：50 公共

drwxr-xr-x. 2 root root 6 1 月 25 00：50 模板

drwxr-xr-x. 2 root root 6 1 月 25 00：50 视频

drwxr-xr-x. 2 root root 6 1 月 25 00：50 图片

drwxr-xr-x. 2 root root 6 1 月 25 00：50 文档

drwxr-xr-x. 2 root root 6 1 月 25 00：50 下载

drwxr-xr-x. 2 root root 6 1 月 25 00：50 音乐

drwxr-xr-x. 2 root root 6 1 月 25 00：50 桌面

[root@localhost ~]# ln 4.txt hard1.txt   // 创建硬链接 hard1.txt

[root@localhost ~]# ll

总用量 8

-rw-r--r--. 1 root root 0 2 月 7 16：29 1.txt

-rw-r--r--. 2 root root 0 2 月 9 11：32 4.txt

drwxr-xr-x. 2 root root 32 2 月 8 15：13 A

-rw-------. 1 root root 1770 1 月 25 00：43 anaconda-ks.cfg

drwxr-xr-x. 2 root root 19 2 月 7 16：35 B

-rw-r--r--. 2 root root 0 2 月 9 11：32 hard1.txt

-rw-r--r--. 1 root root 1818 1 月 25 00：49 initial-setup-ks.cfg

drwxr-xr-x. 2 root root 6 1 月 25 00：50 公共

drwxr-xr-x. 2 root root 6 1 月 25 00：50 模板

drwxr-xr-x. 2 root root 6 1 月 25 00：50 视频

drwxr-xr-x. 2 root root 6 1 月 25 00：50 图片

drwxr-xr-x. 2 root root 6 1 月 25 00：50 文档

drwxr-xr-x. 2 root root 6 1 月 25 00：50 下载

drwxr-xr-x. 2 root root 6 1 月 25 00：50 音乐

drwxr-xr-x. 2 root root 6 1 月 25 00：50 桌面

[root@localhost ~]# ln -s 4.txt A/soft1.txt   //A 目录中创建 4.txt 的软链接 soft1.txt

[root@localhost ~]# ln 4.txt A/hard2.txt   //A 目录中创建 4.txt 的硬链接 hard2.txt

[root@localhost ~]# ls A

1.txt 3.txt hard2.txt soft1.txt

[root@localhost ~]# ln -s A Test   //A 目录创建符号链接为 Test

[root@localhost ~]# ll

总用量 8

-rw-r--r--. 1 root root 0 2 月 7 16：29 1.txt

-rw-r--r--. 3 root root 0 2 月 9 11：32 4.txt

drwxr-xr-x. 2 root root 66 2 月 9 11：35 A

```
-rw-------. 1 root root 1770 1 月  25 00：43 anaconda-ks.cfg
drwxr-xr-x. 2 root root   19 2 月   7 16：35 B
-rw-r--r--. 3 root root    0 2 月   9 11：32 hard1.txt
-rw-r--r--. 1 root root 1818 1 月  25 00：49 initial-setup-ks.cfg
lrwxrwxrwx. 1 root root    1 2 月   9 11：37 Test -> A
drwxr-xr-x. 2 root root    6 1 月  25 00：50 公共
drwxr-xr-x. 2 root root    6 1 月  25 00：50 模板
drwxr-xr-x. 2 root root    6 1 月  25 00：50 视频
drwxr-xr-x. 2 root root    6 1 月  25 00：50 图片
drwxr-xr-x. 2 root root    6 1 月  25 00：50 文档
drwxr-xr-x. 2 root root    6 1 月  25 00：50 下载
drwxr-xr-x. 2 root root    6 1 月  25 00：50 音乐
drwxr-xr-x. 2 root root    6 1 月  25 00：50 桌面
[root@localhost ~]# ln -s A /tmp/Test                    //A 目录创建符号链接为 /tmp/Test
[root@localhost ~]# ll /tmp/T*
lrwxrwxrwx. 1 root root 1 2 月   9 11：37 /tmp/Test -> A
```

实验10　Linux基本命令——文件编辑、查看、查找类命令

【实验目的】

(1) 学会使用 cat 命令；

(2) 学会使用 more/less 命令；

(3) 学会使用 head/tail 命令；

(4) 学会使用 echo 命令；

(5) 学会使用 tr、wc 命令；

(6) 学会使用 file 命令；

(7) 学会使用 grep 命令；

(8) 学会使用 find 命令。

【预备知识】

一、输入 / 输出重定向

要想通过 Linux 命令让数据的处理更加高效，就要先明白输入和输出重定向的原理，简单描述即"输入重定向能够将文件导入到命令中，而输出重定向则是能够将原本要输出到屏幕的信息写入到指定文件中"，具体用法如表 10-1、表 10-2 所示。日常工作和学习中对输出重定向的使用稍多一些，所以细分下又有了标准输出重定向和错误输出重定向两种。

标准输入 (STDIN，文件描述符为 0)：默认从键盘输入，为 0 时表示来自其他文件或命令。

标准输出 (STDOUT，文件描述符为 1)：默认输出到屏幕，为 1 时表示是文件。

错误输出 (STDERR，文件描述符为 2)：默认输出到屏幕，为 2 时表示是文件。

表 10-1　输入重定向

符　号	作　用
命令 < 文件	将文件作为命令的标准输入
命令 << 分界符	从标准输入中读入，直到遇见"分界符"才停止
命令 < 文件 1 > 文件 2	将文件 1 作为命令的标准输入并将其输出到文件 2

表 10-2　输出重定向

符　号	作　用
命令 > 文件	将标准输出重定向到一个文件中 (清空原有文件的数据)
命令 2> 文件	将错误输出重定向到一个文件中 (清空原有文件的数据)
命令 >> 文件	将标准输出重定向到一个文件中 (追加到原有内容后面)
命令 2>> 文件	将错误输出重定向到一个文件中 (追加到原有内容后面)
命令 >> 文件 2>&1 或 命令 &>> 文件	将标准输出与错误输出共同写入文件中 (追加到原有内容的后面)

二、管道命令符

管道命令符"|"的作用是将前一个命令的标准输出当作后一个命令的标准输入，格式为"命令 A | 命令 B | 命令 C"。

【实验准备】

输入账号"root"、密码"root123"，账号"fishyong"、密码"root123"。

【实验步骤】

(1) cat 命令：用来查看比较精简的文本内容。在当前目录创建文件 1.txt，文件内容为"hello"，每个字母占一行，并查看文件。

```
[root@localhost ~]# touch 1.txt          // 创建空白文档
[root@localhost ~]# cat 1.txt            // 查看文档
[root@localhost ~]# cat >>1.txt          // 标准输出重新定向到文件中
h                                        // 从键盘输入 h，按回车键
e                                        // 从键盘输入 e，按回车键
l                                        // 从键盘输入 l，按回车键
l                                        // 从键盘输入 l，按回车键
o                                        // 从键盘输入 o，按回车键，按 Ctrl+D 快捷键保存
[root@localhost ~]# cat 1.txt            // 再次查看文档
h
e
l
```

```
            l
            o
[root@localhost ~]# cat -n 1.txt          // 再次查看文档，加参数 -n 将行号也输出
            1    h
            2    e
            3    l
            4    l
            5    o
```

(2) more 命令：用于查看纯文本文件 (较长的)。

补充说明：用该命令看完一屏后，按空格键可继续看下一屏；如果想中途退出，按字母 "q" 即可，看完内容自动退出。

例如：查看文件 /etc/shadow，并翻页，退出。

```
[root@localhost ~]# more /etc/shadow          // 查看文件
root:$6$ezOkeykW45OO0SF9$27BRBJFTZjnECbxA/h6tOAY/P..xX/Qyge7xs.uzp4AZd.AaP0WUk4a
wo7oAvGYxsGv.vWhvH.kPEYAV/hwfl/::0:99999:7:::
bin：*：18353：0：99999：7：：：
daemon：*：18353：0：99999：7：：：
adm：*：18353：0：99999：7：：：
lp：*：18353：0：99999：7：：：
sync：*：18353：0：99999：7：：：
shutdown：*：18353：0：99999：7：：：
halt：*：18353：0：99999：7：：：
mail：*：18353：0：99999：7：：：
operator：*：18353：0：99999：7：：：
games：*：18353：0：99999：7：：：
ftp：*：18353：0：99999：7：：：
nobody：*：18353：0：99999：7：：：
systemd-network：!!：19016：：：：：
dbus：!!：19016：：：：：
polkitd：!!：19016：：：：：
libstoragemgmt：!!：19016：：：：：
colord：!!：19016：：：：：
rpc：!!：19016：0：99999：7：：
saned：!!：19016：：：：：
gluster：!!：19016：：：：：
saslauth：!!：19016：：：：：
--More--(52%)                          // 按空格键查看下一屏，按字母 "q" 退出
```

(3) less 命令：用于查看纯文本文件 (较长的)。

补充说明：用该命令看完一屏后，按空格键可继续看下一屏；如果想中途退出，按字

母 "q" 即可。该命令还可以利用上下键进行上翻和下翻。

　　例如：查看文件 /etc/auto.master，并翻页，退出。

```
[root@localhost ~]# less /etc/auto.master                              // 查看文本
#
# Sample auto.master file
# This is a 'master' automounter map and it has the following format:
# mount-point [map-type[,format]:]map [options]
# For details of the format look at auto.master(5).
#
/misc   /etc/auto.misc
#
# NOTE: mounts done from a hosts map will be mounted with the
#       "nosuid" and "nodev" options unless the "suid" and "dev"
#       options are explicitly given.
#
/net    -hosts
#
# Include /etc/auto.master.d/*.autofs
# The included files must conform to the format of this file.
#
+dir:/etc/auto.master.d
#
# Include central master map if it can be found using
# nsswitch sources.
#
# Note that if there are entries for /net or /misc (as
/etc/auto.master                                                       // 按空格键翻屏
#
/misc   /etc/auto.misc
#
# NOTE: mounts done from a hosts map will be mounted with the
#       "nosuid" and "nodev" options unless the "suid" and "dev"
#       options are explicitly given.
#
/net    -hosts
#
# Include /etc/auto.master.d/*.autofs
# The included files must conform to the format of this file.
#
```

```
+dir:/etc/auto.master.d
#
# Include central master map if it can be found using
# nsswitch sources.
#
# Note that if there are entries for /net or /misc (as
# above) in the included master map any keys that are the
# same will not be seen as the first read key seen takes
# precedence.
#
+auto.master
(END)                                                    // 按 q 退出
```

(4) head/tail 命令：查看文件的前 / 后 10 行，若加参数 -n，则显示文件前 / 后 n 行。其语法格式为：

head　[参数]　[文件]

补充说明：tail 命令最强大的功能是用于持续刷新一个文件的内容，加参数 -f，动态显示文件最后 10 行，特别适用于查看日志文件，按 Ctrl + C 组合键可退出。

例如：查看文件 /etc/group 前 / 后 10 行、前 / 后 2 行、前 / 后 50 个字节；动态查看日志文件 /var/log/messages 最后 10 行，然后退出。

```
[root@localhost ~]# head /etc/group                      // 查看文件前 10 行
root：x：0：
bin：x：1：
daemon：x：2：
sys：x：3：
adm：x：4：
tty：x：5：
disk：x：6：
lp：x：7：
mem：x：8：
kmem：x：9：
[root@localhost ~]# tail /etc/group                      // 查看文件后 10 行
rpcuser：x：29：
nfsnobody：x：65534：
gnome-initial-setup：x：982：
sshd：x：74：
slocate：x：21：
avahi：x：70：
postdrop：x：90：
postfix：x：89：
```

```
        tcpdump：x：72：
        fishyong：x：1000：fishyong
        [root@localhost ~]# head -2 /etc/group                // 查看文件前 2 行
        root：x：0：
        bin：x：1：
        [root@localhost ~]# tail -2 /etc/group                // 查看文件后 2 行
        tcpdump：x：72：
        fishyong：x：1000：fishyong
        [root@localhost ~]# head -n 2 /etc/group              // 查看文件前 2 行
        root：x：0：
        bin：x：1：
        [root@localhost ~]# tail -n 2 /etc/group              // 查看文件后 2 行
        tcpdump：x：72：
        fishyong：x：1000：fishyong
        [root@localhost ~]# head -c 50 /etc/group             // 查看文件前 50 个字节
        root：x：0：
        bin：x：1：
        daemon：x：2：
        sys：x：3：
        adm：x：4：
        t[root@localhost ~]# tail -c 50 /etc/group            // 查看文件后 50 个字节
        tfix：x：89：
        tcpdump：x：72：
        fishyong：x：1000：fishyong
        [root@localhost ~]# tail -f /var/log/messages         // 动态查看日志文件
        Feb 13 11：27：02 localhost rsyslogd: [origin software="rsyslogd" swVersion="8.24.0-55.el7"
x-pid="1190" x-info="http://www.rsyslog.com"] rsyslogd was HUPed
        Feb 13 11：30：01 localhost systemd: Started Session 7 of user root.
        Feb 13 11：40：01 localhost systemd: Started Session 8 of user root.
        ^C                                                    // 按 Ctrl+C 退出查看文件
        [root@localhost ~]#
```

(5) 命令行通配符的使用。

补充说明：文件名是日常命令中最常用到的参数，但是有时想不起来全名，于是通过匹配一部分文件名或者进行通配符的搜索。

通配符及其含义：

*：匹配零个或多个字符。

?：匹配任意单个字符。

[0-9]：匹配范围内的数字。

[abc]：匹配已出的任意字符。

例如：灵活应用通配符，查看 /dev/ 中含有 sda 的设备文件。

```
[root@localhost ~]# ls /dev/sda*              // 查看 sda 开头的所有设备文件
/dev/sda /dev/sda1 /dev/sda2
[root@localhost ~]# ls /dev/sda?              // 查看 sda 后面有一个字符的设备文件
/dev/sda1 /dev/sda2
[root@localhost ~]# ls /dev/sda[0-9]          // 查看 sda 后面包含 0-9 数字的设备文件
/dev/sda1 /dev/sda2
[root@localhost ~]# ls /dev/sda[135]          // 查看 sda 后面是 1 或 3 或 5 的设备文件
/dev/sda1
```

(6) echo 命令：echo 命令用于在终端显示字符串或输出变量的值。

其语法格式为：

echo　[字符串 | $ 变量]

参数：

-n：不换行输出内容。

-e：解析转义字符。

\n：换行。

\r：回车。

\t：制表符。

例如：输出字符串"helloword"和 PATH 环境变量。

```
[root@localhost ~]# echo helloword           // 输出字符串
helloword
[root@localhost ~]# echo "helloword\n"       // 输出字符串，无转义
helloword\n
[root@localhost ~]# echo -e "helloword\n"    // 输出字符串，并换行
helloword

[root@localhost ~]# echo -e "helloword\r"    // 输出字符串，并回车
helloword
[root@localhost ~]# echo -e "helloword\thello"   // 输出字符串，并制表符分隔
helloword        hello
[root@localhost ~]# echo $PATH               // 输出 PATH 环境变量
/usr/local/bin:/usr/local/sbin:/usr/bin:/usr/sbin:/bin:/sbin:/root/bin
```

(7) echo 命令：和管道命令符相结合使用。

例如：非交互式更改用户 root 密码为"root"，并验证密码更改成功后，把密码恢复为"root123"。

```
[root@localhost ~]# echo "root" | passwd --stdin root        // 更改密码
更改用户 root 的密码。
passwd：所有的身份验证令牌已经成功更新。
[root@localhost ~]# su fishyong                             // 切换用户为 fishyong
```

```
[fishyong@localhost root]$ su                              // 切换用户为 root
密码：                                                      // 输入新密码 root，回车
[root@localhost ~]# echo "root123" | passwd --stdin root    // 密码更改为原密码 root123
更改用户 root 的密码。
passwd：所有的身份验证令牌已经成功更新。
```

(8) echo 命令：和特殊字符扩展结合使用。

补充说明：特殊字符扩展。

字符及其作用：

\（反斜杠）：转义后面单个字符。

"（单引号）：转义所有的字符。

""（双引号）：变量依然生效。

``（反引号）：执行命令语句。

例如：定义变量 PRICE=10，验证特殊字符扩展的使用及意义。

```
[root@localhost ~]# PRICE=10                // 定义名称为 PRICE 的变量值为 10
[root@localhost ~]# echo "Price is $PRICE"   // 输出 "价格是 10"
Price is 10
[root@localhost ~]# echo "Price is ￥$PRICE"  // 输出 "价格是￥10"
Price is ￥10
[root@localhost ~]# echo "Price is $$PRICE"   // 美元符号与变量取值 $ 符号冲突，报错
Price is 4424PRICE
[root@localhost ~]# echo "Price is \$$PRICE"  // 输出 "价格是 $10"
Price is $10
[root@localhost ~]# echo 'Price is \$$PRICE'  // 使用单引号，变量将不再被取值
Price is \$$PRICE
[root@localhost ~]# echo `uname -a`          // 查看本机内核的版本与架构信息
Linux localhost.localdomain 3.10.0-1160.el7.x86_64 #1 SMP Mon Oct 19 16:18:59 UTC 2020 x86_64
x86_64 x86_64 GNU/Linux
```

(9) echo 命令：和输入 / 输出重定向结合使用。

例如：将命令 rmdir 帮助文档写入 readme.txt，并查看结果；利用重定向，将 helloworld 写入 readme.txt，并追加另一行 helloworld2，并查看结果；统计文档 readme.txt 的行数、字节数、单词数。

```
[root@localhost ~]# rmdir --h >readme.txt          // 将帮助文档写入到 readme.txt 文件中
[root@localhost ~]# cat readme.txt                 // 显示文件内容
用法：rmdir [ 选项 ]... 目录 ...
删除指定的空目录。
       --ignore-fail-on-non-empty
           忽略仅由目录非空产生的所有错误
   -p, --parents    remove DIRECTORY and its ancestors；e.g., 'rmdir -p a/b/c' is
```

```
                    similar to 'rmdir a/b/c a/b a'
   -v, --verbose    output a diagnostic for every directory processed
      --help                显示此帮助信息并退出
      --version             显示版本信息并退出
GNU coreutils online help:<http://www.gnu.org/software/coreutils/>
请向 <http://translationproject.org/team/zh_CN.html> 报告 rmdir 的翻译错误
要获取完整文档，请运行：info coreutils 'rmdir invocation'
[root@localhost ~]# echo "helloworld"> readme.txt          // 向 readme.txt 文件中写入文字
[root@localhost ~]# echo "helloworld2">> readme.txt        // 向 readme.txt 文件中追加文字
[root@localhost ~]# cat readme.txt                         // 显示文件内容
helloworld
helloworld2
[root@localhost ~]# wc -l <readme.txt                      // 统计文件行数
2
[root@localhost ~]# cat readme.txt |wc –l                  // 统计文件行数
2
[root@localhost ~]# cat readme.txt |wc –c                  // 统计文件字节数
23
[root@localhost ~]# cat readme.txt |wc –w                  // 统计文件单词数
2
```

(10) tr 命令：用于替换文本文件中的字符。

其语法格式为：

　　tr　[选项]　[原始字符]　[目标字符]

补充说明：想要快速地替换文本内容中的一些词汇，又或者要将整个文本内容都进行替换，手工逐个替换工作量太大，而且处理大批量的内容非常不现实。此时便可以先使用 cat 命令读取待处理的文本内容，然后通过管道符将这些数据传递给 tr 命令做替换操作即可。

例如：将 readme.txt 文件中小写字母换成大写字母输出。

```
[root@localhost ~]# cat readme.txt | tr a-z A-Z            // 小写字母换成大写字母输出
HELLOWORLD
HELLOWORLD2
[root@localhost ~]# cat readme.txt                         // 查看原文件，内容不变
helloworld
helloworld2
[root@localhost ~]# cat readme.txt | tr -t a-z A-Z         // 小写字母换成大写字母输出
HELLOWORLD
HELLOWORLD2
[root@localhost ~]# cat readme.txt                         // 查看原文件，内容不变
```

helloworld

helloworld2

(11) file 命令：查看文件类型。

其语法格式为：

    file ［文件］

例如：查看当前目录下文件，通过该命令查看文本文件和目录。

    [root@localhost ~]# ls   // 查看当前目录

    1.txt anaconda-ks.cfg initial-setup-ks.cfg 公共 图片 音乐

    4.txt B   readme.txt   模板 文档 桌面

    A hard1.txt   Test   视频 下载

    [root@localhost ~]# file readme.txt   // 查看文件类型

    readme.txt：ASCII text

    [root@localhost ~]# file A   // 查看文件类型

    A：directory

    [root@localhost ~]# file Test   // 查看文件类型

    Test：symbolic link to `A')

(12) grep 命令：查看文件中包含指定字符串的行。

其语法格式为：

grep ［参数］ ［表达式］ ［文件或目录…］

补充说明：查找的字符串中，可以用单引号或者双引号把字符串括起来。

参数：

-c：输出满足条件的行数。

-n：输出满足条件的行号及行。

-v：输出不满足条件的行。

例如：从当前目录查找 anaconda-ks.cfg 文件中包含 "@" 的行数，输出行号，输出不包含该符号的行。

    [root@localhost ~]# grep -c @ anaconda-ks.cfg   // 包含 @ 的行数

    19

    [root@localhost ~]# grep -n @ anaconda-ks.cfg   // 包含 @ 的行及行号

    36：@^gnome-desktop-environment

    37：@base

    38：@core

    39：@desktop-debugging

    40：@development

    41：@dial-up

    42：@directory-client

    43：@fonts

    44：@gnome-desktop

```
45：@guest-agents
46：@guest-desktop-agents
47：@input-methods
48：@internet-browser
49：@java-platform
50：@multimedia
51：@network-file-system-client
52：@networkmanager-submodules
53：@print-client
54：@x11
[root@localhost ~]# grep -vn @ anaconda-ks.cfg                    // 不包含 @ 的行及行号
1：#version=DEVEL
2：# System authorization information
3：auth --enableshadow --passalgo=sha512
4：# Use CDROM installation media
5：cdrom
6：# Use graphical install
7：graphical
8：# Run the Setup Agent on first boot
……省略部分信息……
65：pwpolicy root --minlen=6 --minquality=1 --notstrict --nochanges --notempty
66：pwpolicy user --minlen=6 --minquality=1 --notstrict --nochanges --emptyok
67：pwpolicy luks --minlen=6 --minquality=1 --notstrict --nochanges --notempty
68：%end
```

(13) find 命令：查找文件和目录。

其语法格式为：

    find　[文件或目录…]　[参数]

补充说明：对匹配条件的文件执行 command 命令时，command 是基础命令，"{}" 代表的是前面匹配条件找到的文件，"\；" 是固定结尾格式写法。

参数：

-name：匹配名称。

-perm：匹配权限 (mode 为完全匹配，-mode 为包含即可)。

-user：匹配所有者。

-group：匹配所有组。

-nouser：匹配无所有者的文件。

-nogroup：匹配无所有组的文件。

-type b/d/c/p/l/f：匹配文件类型 (块设备、目录、字符设备、管道、链接文件、普通文件)。

-exec commond {} \；　：对匹配条件的文件执行 command 命令。

例如：从当前目录查找 anac 开头的文件并显示，并将文件复制到 FIND 目录，在 /etc

目录中查找 host anac 开头的文件并显示，并将文件复制到 FIND 目录，并查验结果。

```
[root@localhost ~]# ls                                      // 查看当前目录文件
1.txt anaconda-ks.cfg initial-setup-ks.cfg 公共 图片 音乐
4.txt     B      readme.txt       模板   文档   桌面
A     hard1.txt    Test      视频   下载
[root@localhost ~]# find . -name "anac*" -exec ls -l {} \;   // 查找 anac 开头的文件并显示
-rw-------. 1 root root 1770 1 月    25 00: 43 ./anaconda-ks.cfg
[root@localhost ~]# mkdir FIND                               // 创建文件夹 FIND
[root@localhost ~]# ls
1.txt anaconda-ks.cfg hard1.txt     Test  视频  下载
4.txt  B initial-setup-ks.cfg 公共  图片  音乐
A     FIND   readme.txt      模板  文档  桌面
[root@localhost ~]# ls FIND
[root@localhost ~]# ls FIND/
[root@localhost ~]# find . -name "anac*" -exec cp -r {} FIND \;   // 查找 anac 开头的文件并复制
cp: "./FIND/anaconda-ks.cfg" 与 "FIND/anaconda-ks.cfg" 为同一文件
[root@localhost ~]# ls FIND                                  // 查看文件是否已复制
anaconda-ks.cfg
[root@localhost ~]# find /etc -name "host*" -exec ls -l {} \;   // 查找 host 开头的文件并显示
-rw-r--r--. 1 root root 9 6 月     7 2013 /etc/host.conf
-rw-r--r--. 1 root root 158 6 月      7 2013 /etc/hosts
-rw-r--r--. 1 root root 370 6 月      7 2013 /etc/hosts.allow
-rw-r--r--. 1 root root 460 6 月      7 2013 /etc/hosts.deny
总用量 20
-rw-------. 1 root root   2246 1 月     25 00: 39 cil
-rw-------. 1 root root 10176 1 月     25 00: 39 hll
-rw-------. 1 root root      2 1 月     25 00: 39 lang_ext
-rw-r--r--. 1 root root 22  1 月     25 00: 41 /etc/hostname
-rw-r--r--. 1 root root 1121 4 月     1 2020 /etc/avahi/hosts
[root@localhost ~]# find /etc -name "host*" -exec cp {} FIND \;   // 查找 host 开头的文件并复制
cp: 略过目录 "/etc/selinux/targeted/active/modules/100/hostname"
[root@localhost ~]# ls -l FIND                               // 查看文件是否已复制
总用量 24
-rw-------. 1 root root 1770 2 月    16 10: 31 anaconda-ks.cfg
-rw-r--r--. 1 root root       9 2 月    16 10: 34 host.conf
-rw-r--r--. 1 root root     22 2 月    16 10: 34 hostname
-rw-r--r--. 1 root root 1121 2 月    16 10: 34 hosts
-rw-r--r--. 1 root root     370 2 月    16 10: 34 hosts.allow
-rw-r--r--. 1 root root     460 2 月    16 10: 34 hosts.deny
```

实验11 Linux基本命令——文件压缩、归档类命令

【实验目的】

(1) 学会使用 bzip2/bunzip2 命令；

(2) 学会使用 gzip/gunzip 命令；

(3) 学会使用 tar 命令；

(4) 学会使用 zip/unzip 命令。

【预备知识】

　　Windows 系统中最常见的压缩格式是 .rar 与 .zip，而 Linux 系统中常见的格式比较多，但主要使用的是 .tar 或 .tar.gz，或 .tar.bz2 格式。"-c" 参数是用于创建压缩文件的，"-x" 参数是用于解压文件的，因此这两个不能同时放一起使用。"-z" 参数是指定使用 gzip 格式来压缩解压文件的，"-j" 参数是指定使用 bzip2 参数来压缩解压文件，解压时则根据文件的后缀来决定是何种格式参数，而有些打包操作要数个小时，屏幕没有输出的话，用户一定会怀疑电脑有没有死机了，也不好判断打包的进度情况，故推荐使用 "-v" 参数来不断显示压缩或解压的过程给用户。"-C" 参数用于指定要解压到的那个指定的目录，而 "-f" 参数特别重要，它必须放到参数的最后一位，代表要压缩或解压的软件包名称。因此一般使用 "tar -czvf 压缩包名称 .tar.gz 要打包的目录" 命令来将指定的文件打包，解压则使用 "tar -xzvf 压缩包名称 .tar.gz" 命令。

【实验准备】

　　输入账号 "root"、密码 "root123"，账号 "fishyong"、密码 "root123"。

【实验步骤】

(1) bzip2/bunzip2 命令：

```
[root@localhost ~]# bzip2 1.txt                          // 压缩文件
[root@localhost ~]# ls                                   // 查看压缩后文件
1.txt.bz2  anaconda-ks.cfg  hard1.txt    Test  视频
4.txt  B  initial-setup-ks.cfg  公共  图片 音乐 下载
A    FIND    readme.txt      模板  文档  桌面
[root@localhost ~]# bunzip2 1.txt.bz2                     // 解压文件
[root@localhost ~]# ls                                   // 查看解压后文件
1.txt  anaconda-ks.cfg hard1.txt  Test  视频  下载
4.txt  B   initial-setup-ks.cfg  公共  图片  音乐
A    FIND    readme.txt     模板  文档  桌面
```

(2) gzip1/gunzip2 命令：

```
[root@localhost ~]# gzip 1.txt                           // 压缩文件
[root@localhost ~]# ls                                   // 查看压缩后文件
1.txt.gz  anaconda-ks.cfg   hard1.txt   Test 视频 下载
```

```
4.txt    B    initial-setup-ks.cfg    公共    图片    音乐
A    FIND    readme.txt    模板    文档    桌面
[root@localhost ~]# zcat 1.txt.gz                          // 查看压缩文件里的内容
h
e
l
l
o
[root@localhost ~]# gunzip 1.txt.gz                        // 解压文件
[root@localhost ~]# ls                                     // 查看解压后文件
1.txt    anaconda-ks.cfg    hard1.txt    Test    视频    下载
4.txt    B    initial-setup-ks.cfg    公共    图片    音乐
A    FIND    readme.txt    模板    文档    桌面
```

(3) tar 命令：

```
[root@localhost ~]# tar -cvf file.tar 1.txt                // 创建包文件
1.txt
[root@localhost ~]# ls                                     // 查看包文件
1.txt    A    file.tar    initial-setup-ks.cfg    公共    图片
anaconda-ks.cfg    FIND    readme.txt    模板    文档    桌面
4.txt    B    hard1.txt    Test    视频    下载    音乐
[root@localhost ~]# tar -cvf file.tar 4.txt A              // 创建包文件，覆盖原包
4.txt
A/
A/1.txt
A/3.txt
A/soft1.txt
A/hard2.txt
[root@localhost ~]# tar -tf file.tar                       // 查看包中的内容
4.txt
A/
A/1.txt
A/3.txt
A/soft1.txt
A/hard2.txt
[root@localhost ~]# tar -xvf file.tar                      // 释放包
4.txt
A/
A/1.txt
A/3.txt
A/soft1.txt
A/hard2.txt
```

```
[root@localhost ~]# ls                                    // 查看释放后的当前目录
1.txt  A  file.tar  initial-setup-ks.cfg   公共 图片 音乐
anaconda-ks.cfg  FIND  readme.txt  模板  文档  桌面
4.txt    B  hard1.txt  Test  视频  下载
[root@localhost ~]# tar -xvf file.tar -C /tmp             // 释放包至 /tmp 文件夹
4.txt
A/
A/1.txt
A/3.txt
A/soft1.txt
A/hard2.txt
[root@localhost ~]# ls /tmp                               // 查看 /tmp 文件夹内容
4.txt
A
ssh-24J1vta9zgql
ssh-2KKhXgc77mGf
ssh-2lxc9gPJEd0k
……省略部分信息……
[root@localhost ~]# tar -cjvf file.tar.bz2 1.txt A        // 创建 bzip2 格式的压缩包
1.txt
A/
A/1.txt
A/3.txt
A/soft1.txt
A/hard2.txt
[root@localhost ~]# ls                                    // 查看文件
1.txt anaconda-ks.cfg  FIND    Test  图片  桌面
B              hard1.txt      公共 文档
4.txt file.tar    initial-setup-ks.cfg 模板 下载
A  file.tar.bz2  readme.txt  视频 音乐
[root@localhost ~]# tar -xjvf file.tar.bz2 -C /tmp        // 解压 bzip2 格式的压缩包至 /tmp
1.txt
A/
A/1.txt
A/3.txt
A/soft1.txt
A/hard2.txt
[root@localhost ~]# ls /tmp                               // 查看 /tmp 文件夹内容
1.txt
4.txt
```

```
A
ssh-24J1vta9zgql
ssh-2KKhXgc77mGf
ssh-2lxc9gPJEd0k
ssh-3xio99UTl2nA
ssh-AXfQfNJcV3Ig
……省略部分信息……
[root@localhost ~]# tar -czvf file.tar.gz B                // 创建 gzip 格式的压缩包
B/
B/1.txt
[root@localhost ~]# ls
1.txt    anaconda-ks.cfg  file.tar.gz  readme.txt   视频
B    FIND    Test    图片  桌面  音乐
4.txt    file.tar    hard1.txt    公共    文档
A    file.tar.bz2    initial-setup-ks.cfg    模板  下载
[root@localhost ~]# tar -xzvf file.tar.gz -C /tmp         // 解压 gzip 格式的压缩包
B/
B/1.txt
[root@localhost ~]# ls /tmp                               // 查看 /tmp 文件夹内容
1.txt
4.txt
A
B
ssh-24J1vta9zgql
ssh-2KKhXgc77mGf
ssh-2lxc9gPJEd0k
ssh-3xio99UTl2nA
ssh-AXfQfNJcV3Ig
……省略部分信息……
```

(4) zip/unzip 命令：

```
[root@localhost ~]# zip file.zip readme.txt              // 创建 zip 格式的压缩包
  adding: readme.txt (deflated 26%)
[root@localhost ~]# ls
1.txt    B    file.zip    readme.txt   视频  音乐
4.txt    file.tar    FIND    Test    图片  桌面
A    file.tar.bz2    hard1.txt    公共    文档  模板
anaconda-ks.cfg    file.tar.gz    initial-setup-ks.cfg  下载
[root@localhost ~]# unzip file.zip                       // 解压 zip 格式的压缩包
Archive：  file.zip
replace readme.txt? [y]es, [n]o, [A]ll, [N]one, [r]ename：y   // 是否覆盖原文件，输入 y
```

```
    inflating: readme.txt
[root@localhost ~]# zip -r file2.zip B                        // 创建压缩包，加 -r 参数递归压缩
    adding: B/ (stored 0%)
    adding: B/1.txt (stored 0%)
[root@localhost ~]# ls
1.txt   B   file.tar.gz   initial-setup-ks.cfg   模板 下载
4.txt   file2.zip   file.zip   readme.txt   视频 音乐
A   file.tar   FIND   Test   图片   桌面
anaconda-ks.cfg file.tar.bz2 hard1.txt   公共   文档
[root@localhost ~]# unzip file2.zip                           // 解压 zip 格式的压缩包
Archive: file2.zip
replace B/1.txt? [y]es, [n]o, [A]ll, [N]one, [r]ename: y     // 是否覆盖原文件，输入 y
    extracting: B/1.txt
```

实验12 Linux其他命令

【实验目的】

(1) 学会使用 uname 命令；

(2) 学会使用 whereis 命令；

(3) 学会使用 date 命令；

(4) 学会使用 who/last 命令；

(5) 学会使用 uptime 命令；

(6) 学会使用 stat 命令。

【实验准备】

输入账号"root"、密码"root123"，账号"fishyong"、密码"root123"。

【实验步骤】

(1) uname 命令：用于查看系统内核与系统版本等信息，一般会固定搭配 -a 参数来完整查看当前系统的内核名称、主机名、内核发行版本、节点名、系统时间、硬件名称、硬件平台、处理器类型以及操作系统名称等信息。

例如：

```
[root@localhost ~]# uname -a
Linux localhost.localdomain 3.10.0-1160.el7.x86_64 #1 SMP Mon Oct 19 16:18:59 UTC 2020 x86_64
x86_64 x86_64 GNU/Linux
```

通过查看 centos-release 文件获取当前系统版本的详细信息：

```
[root@localhost ~]# cat /etc/centos-release
CentOS Linux release 7.9.2009 (Core)
[root@localhost ~]#
```

(2) whereis 命令：查找命令的可执行文件所在的位置。

例如：

[root@localhost ~]# whereis ls

ls：/usr/bin/ls /usr/share/man/man1/ls.1.gz /usr/share/man/man1p/ls.1p.gz

[root@localhost ~]# whereis pwd

pwd：/usr/bin/pwd /usr/include/pwd.h /usr/share/man/man1/pwd.1.gz /usr/share/man/man1p/pwd.1p.gz

[root@localhost ~]#

通过命令查出 ls 命令和 pwd 命令所在的绝对路径分别为 /usr/bin/ls 和 /usr/bin/pwd。

(3) date 命令：显示或设定系统的日期与时间。

其语法格式为：

　　date　[参数]　[+ 定义格式]

补充说明：date 命令只需键入以"+"号开头的参数即可按照指定格式来输出系统的时间或日期，这样日常工作时便可以将打包数据的备份命令与指定格式输出的时间信息结合到一起，从而区分每个文件的备份时间。

在系统启动时，Linux 操作系统将时间从 CMOS 中读到系统时间变量中，以后再修改时间则通过修改系统时间实现。为了保持系统时间与 CMOS 时间的一致性，Linux 每隔一段时间会将系统时间写入 CMOS。由于该同步是每隔一段时间进行的，在执行"date -s"后，如果马上重启计算机，修改时间就有可能没有被写入 CMOS，如果要确保修改生效，可以执行"hwclock -w"命令。

参数：

%t：跳格 [Tab 键]。

%H：小时 (00-23)。

%I：小时 (01-12)。

%M：分钟 (00-59)。

%S：秒 (00-60)。

%X：相当于 %H:%M:%S。

%Z：显示时区。

%p：显示本地 AM 或 PM。

%A：星期几 (Sunday-Saturday)。

%a：星期几 (Sun-Sat)。

%B：完整月份 (January-December)。

%b：缩写月份 (Jan-Dec)。

%d：日 (01-31)。

%j：一年中的第几天 (001-366)。

%m：月份 (01-12)。

%Y：完整的年份。

例如：

[root@localhost ~]# date   // 默认格式显示

2022 年 02 月 22 日 星期二 08：27：30 CST

[root@localhost ~]# date "+%F"   // 日期全格式显示

2022-02-22

[root@localhost ~]# date "+%Y 年 %m 月 %d 日 %H 时 %M 分 %S 秒 "

2022 年 02 月 22 日 08 时 32 分 34 秒　　　　　// 自定义时间格式

[root@localhost ~]# date -s "2019-1-28 12：13：14"　　　// 设置系统时间

2019 年 01 月 28 日 星期一 12：13：14 CST

[root@localhost ~]# date　　　　　　　　　// 验证更改成功

2019 年 01 月 28 日 星期一 12：13：18 CST

[root@localhost ~]# hwclock　　　　　　　//CMOS 硬件时间

2022 年 02 月 22 日 星期二 08 时 34 分 49 秒 -0.786920 秒

[root@localhost ~]# hwclock –w　　　　　　// 系统时间写入 CMOS

[root@localhost ~]# hwclock　　　　　　　// 验证更改成功

2019 年 01 月 28 日 星期一 12 时 14 分 30 秒 -0.132794 秒

[root@localhost ~]# date -s "2022-2-22 08：37：00"　　// 恢复系统时间为当前时间

2022 年 02 月 22 日 星期二 08：37：00 CST

[root@localhost ~]# hwclock –w　　　　　　// 把系统时间写入 CMOS

[root@localhost ~]# hwclock –s　　　　　　// 强制把 CMOS 时间写入系统时间

[root@localhost ~]# date　　　　　　　　　// 查看系统时间

2022 年 02 月 22 日 星期二 08：37：33 CST

(4) who 命令：快捷地显示出所有正在登录着本机的用户名称以及它们正在开启的终端信息，即登录的用户名、终端设备、登录到系统的时间。

例如：

[root@localhost ~]# who

root　　：0　　　　　2022-02-22 07：36 (：0)

root　　pts/0　　　　2022-02-22 07：39 (：0)

(5) last 命令：查看本机登录信息。其实仅仅调取了过往保存到系统中的日志文件，篡改里面的文字也很简单。

例如：

[root@localhost ~]# last

root　　pts/0　　　　：0　　　　　Tue Feb 22 07：39 still logged in

root　　：0　　　　　：0　　　　　Tue Feb 22 07：36 still logged in

reboot　system boot 3.10.0-1160.el7. Tue Feb 22 07：33 - 08：58 (01：24)

root　　：0　　　　　：0　　　　　Sun Feb 20 22：11 - crash (1+09：22)

reboot　system boot 3.10.0-1160.el7. Sun Feb 20 22：10 - 08：58 (1+10：47)

root　　pts/0　　　　：0　　　　　Sun Feb 20 22：08 - crash (00：01)

root　　pts/0　　　　：0　　　　　Sun Feb 20 22：05 - 22：05 (00：00)

……省略部分信息……

(6) uptime 命令：用于查看系统的负载信息。

补充说明：这个命令显示当前系统时间、系统已运行时间、当前在线用户以及平均负载值等信息数据。平均负载值指的是最近 1 分钟、5 分钟、15 分钟的系统压力情况，负载值越低越好，尽量不要长期超过 1。

例如：

```
[root@localhost ~]# uptime
 09：05：30 up   1：31,   2 users,   load average: 0.45, 0.16, 0.13
[root@localhost ~]#
```

(7) stat 命令：用于查看文件的具体存储信息和时间等信息。

例如：

```
[root@localhost ~]# stat 4.txt                          // 查看文件更多信息
  文件: "4.txt"
  大小: 0              块: 0          IO 块: 4096    普通空文件
设备: fd00h/64768d    Inode: 8632264    硬链接: 2
权限: (0644/-rw-r--r--) Uid: (    0/    root) Gid: (    0/    root)
环境: unconfined_u: object_r: admin_home_t: s0
最近访问: 2022-02-16 19：26：10.416091850 +0800
最近更改: 2022-02-09 11：32：16.000000000 +0800
最近改动: 2022-02-16 19：26：10.466093189 +0800
创建时间: -
[root@localhost ~]# cat 4.txt                           // 读取文件内容
[root@localhost ~]# stat 4.txt                          // 再次查看文件信息
  文件: "4.txt"
  大小: 0              块: 0          IO 块: 4096    普通空文件
设备: fd00h/64768d    Inode: 8632264    硬链接: 2
权限: (0644/-rw-r--r--) Uid: (    0/    root) Gid: (    0/    root)
环境: unconfined_u: object_r: admin_home_t: s0
最近访问: 2022-02-22 09：19：58.630319395 +0800         //Access 时间改变
最近更改: 2022-02-09 11：32：16.000000000 +0800
最近改动: 2022-02-16 19：26：10.466093189 +0800
创建时间: -
[root@localhost ~]# echo "happy">>4.txt                 // 追加内容
[root@localhost ~]# stat 4.txt                          // 再次查看文件信息
  文件: "4.txt"
  大小: 6              块: 8          IO 块: 4096    普通文件
设备: fd00h/64768d    Inode: 8632264    硬链接: 2
权限: (0644/-rw-r--r--) Uid: (    0/    root) Gid: (    0/    root)
环境: unconfined_u: object_r: admin_home_t: s0
最近访问: 2022-02-22 09：19：58.630319395 +0800
最近更改: 2022-02-22 09：24：03.872878005 +0800         //Modify 时间改变
最近改动: 2022-02-22 09：24：03.872878005 +0800         //Change 时间改变
创建时间: -
[root@localhost ~]#
```

项 目 四

用户和组、文件权限

项目背景

　　系统管理员收到人事通知，员工 A、B 属于市场部 (MarketGroup 组)，C、D 属于 IT 部 (ItGroup 组)，为 A、B、C、D 建立系统账户和组。过一段时间后，A 由市场部调动至 IT 部，D 实习至 2022 年 4 月 30 日，B 离职。依据实际情况修改用户管理。

　　研发部由于项目需要，也给系统管理员提出申请，要求如下：

　　(1) 账号 fishyong 在家目录中创建文件 1.txt、目录文件 FISHA，在 FISHA 中创建文件 2.txt；

　　(2) 修改 fishyong 用户创建的 1.txt 文件、目录文件 FISHA 的所属主为 C，所属组为 ItGroup 组；

　　(3) 将 (2) 中的 1.txt 文件、目录文件 FISHA 的权限修改为 770；

　　(4) 允许 fishyong 递归查看目录文件 FISHA 内容。

项目分析

　　Linux 操作系统搭载在虚拟机上，为了实施该项目，开始之前需要作如下准备：

　　输入账号"root"、密码"root123"，账号"fishyong"、密码"root123"。

项目实施

　　(1) 添加用户和组、管理用户；

　　(2) 修改文件权限和特殊权限。

 实验13 用户和组

【实验目的】

　　学会添加、修改、删除用户和组的方法。

【预备知识】

　　Linux 是一个具有很好的稳定性与安全性的多用户、多任务操作系统，在幕后保障 Linux 系统安全的则是一系列复杂的配置工作。

　　Linux 系统对用户分配如下：系统管理员 (root)、系统用户 (不可登录) 和普通用户 (可登录)。登录 Linux 系统时输入的是账号，但是 Linux 系统并不直接识别账号，而是通过建立账号时系统分配的 ID 号码，其中，系统管理员 (root)ID 为 0，可登录的普通用户 ID 为 1000 ～ 65535。

　　在建立用户账号时，系统会为用户账号分配至少两个 ID，一个用户 ID(User ID，UID)，一个组 ID(Group ID，GID)。UID 的知识已经在前面介绍过了，下面了解一下 GID，管理员 (root) 组 ID 为 0，非系统组 ID 为 1000~65535。

　　对于一个用户而言，只有唯一一个 UID，但是可以有多个不同的组，分别为主组群和附属组，主组群名与用户名相同，且只有一个用户 (本身)，也可以称为私有组。主组群以外的组为附属组。用户组的管理涉及用户组的添加、修改和删除。组的添加、修改和删除实际上就是对 /etc/group 文件的更新。

　　在 Linux 系统中，用户账号、用户密码、用户组信息和用户组密码均存放在不同的配置文件中，所创建的用户账号及其相关信息 (密码除外) 均存放在 /etc/passwd 配置文件中。由于所有用户对 passwd 文件均有读取的权限，因此密码信息并未保存在该文件中，而是保存在 /etc/shadow 配置文件中。在 passwd 配置文件中，一行定义一个用户账号，每行均由多个不同的字段构成，各字段值间用 " : " 分隔。

【实验准备】

　　输入账号 "root"、密码 "root123"，账号 "fishyong"、密码 "root123"。

【实验步骤】

　　(1) 添加用户组 MarketGroup、ItGroup：

```
[root@localhost ~]# tail -3 /etc/group              // 查看用户组信息
postfix：x：89：
tcpdump：x：72：
fishyong：x：1000：fishyong
[root@localhost ~]# groupadd MarketGroup            // 添加 MarketGroup 组
[root@localhost ~]# groupadd ItGroup                // 添加 ItGroup 组
[root@localhost ~]# tail -3 /etc/group              // 再次查看用户组信息
fishyong：x：1000：fishyong
MarketGroup：x：1001：
ItGroup：x：1002：
```

　　(2) 添加用户 A、B、C、D，A、B 属于 MarketGroup 组，C、D 属于 ItGroup 组：

```
[root@localhost ~]# tail -3 /etc/passwd             // 查看用户信息
postfix：x：89：89： ：/var/spool/postfix：/sbin/nologin
tcpdump：x：72：72： ：/：/sbin/nologin
fishyong：x：1000：1000：fishyong：/home/fishyong：/bin/bash
[root@localhost ~]# useradd -g 1001 -n A            // 添加用户 A
[root@localhost ~]# useradd -g 1001 -n B            // 添加用户 B
```

```
[root@localhost ~]# useradd -g 1002 -n C                    // 添加用户 C
[root@localhost ~]# useradd -g 1002 -n D                    // 添加用户 D
[root@localhost ~]# tail -6 /etc/passwd                     // 再次查看用户信息
tcpdump：x：72：72：：/：/sbin/nologin
fishyong：x：1000：1000：fishyong：/home/fishyong：/bin/bash
A：x：1001：1001：：/home/A：/bin/bash
B：x：1002：1001：：/home/B：/bin/bash
C：x：1003：1002：：/home/C：/bin/bash
D：x：1004：1002：：/home/D：/bin/bash [root@localhost ~]#
```

(3) 添加用户 A、B、C、D，初始密码为 12345678：

```
[root@localhost ~]# passwd A                                // 设置 A 用户密码
更改用户 A 的密码。
新的 密码：                                                  // 输入 12345678，显示屏无显示，按回车键
无效的密码：密码未通过字典检查 - 过于简单化 / 系统化
重新输入新的 密码：                                          // 再次输入 12345678，按回车键
passwd：所有的身份验证令牌已经成功更新。
[root@localhost ~]# echo "12345678" | passwd --stdin B      // 设置 B 用户密码为 12345678
更改用户 B 的密码。
passwd：所有的身份验证令牌已经成功更新。
[root@localhost ~]# echo "12345678" | passwd --stdin C      // 设置 C 用户密码为 12345678
更改用户 C 的密码。
passwd：所有的身份验证令牌已经成功更新。
[root@localhost ~]# echo "12345678" | passwd --stdin D      // 设置 D 用户密码为 12345678
更改用户 D 的密码。
passwd：所有的身份验证令牌已经成功更新。
[root@localhost ~]#
```

(4) 验证用户 A、B、C、D 登录服务器：

```
[root@localhost ~]# ifconfig                                // 查看网卡 IP 地址
ens33: flags=4163<UP,BROADCAST,RUNNING,MULTICAST> mtu 1500
    inet 192.168.1.101 netmask 255.255.255.0 broadcast 192.168.1.255
    inet6 fe80：：4b17：5e41：6425：b8a4 prefixlen 64 scopeid 0x20<link>
    ……省略部分信息……
[root@localhost ~]# ssh A@192.168.1.101                     //A 用户登录服务器
The authenticity of host '192.168.1.101 (192.168.1.101)' can't be established.
ECDSA key fingerprint is SHA256：nFpGDfPhFZ/Wa5F+2bFoNbpLhJIVGrJyuqBtdKpvglA.
ECDSA key fingerprint is MD5：f4：af：14：ac：19：9c：7d：f6：94：08：7c：d5：da：63：4a：a7.
Are you sure you want to continue connecting (yes/no)? yes              // 继续连接
Warning：Permanently added '192.168.1.101' (ECDSA) to the list of known hosts.
A@192.168.1.101's password：                                // 输入密码 12345678，按回车键
[A@localhost ~]$                                            // 登录成功
```

[A@localhost ~]$ exit   // 退出登录

登出

Connection to 192.168.1.101 closed.

以相同的方法验证用户 B、C、D 登录服务器是否成功。

(5) A 由市场部调动至 IT 部，D 实习至 2022 年 4 月 30 日，B 离职：

[root@localhost ~]# usermod -g 1002 A   // 修改用户 A 为 IT 部成员

[root@localhost ~]# tail -6 /etc/passwd   // 查看用户信息

tcpdump：x：72：72： ：/：/sbin/nologin

fishyong：x：1000：1000：fishyong：/home/fishyong：/bin/bash

A：x：1001：1002： ：/home/A：/bin/bash

B：x：1002：1001： ：/home/B：/bin/bash

C：x：1003：1002： ：/home/C：/bin/bash

D：x：1004：1002： ：/home/D：/bin/bash

[root@localhost ~]# usermod -e 2022-4-30 D   // 设置用户 D 账号过期时间

[root@localhost ~]# chage -l D   // 查看用户 D 有效时间

最近一次密码修改时间   : 2 月 23, 2022

密码过期时间   : 从不

密码失效时间   : 从不

帐户过期时间   : 4 月 30, 2022   //4 月 30 日过期

两次改变密码之间相距的最小天数   : 0

两次改变密码之间相距的最大天数   : 99999

在密码过期之前警告的天数   : 7

[root@localhost ~]# userdel -rf B   // 强制删除 B 账户及家目录

[root@localhost ~]# tail -6 /etc/passwd

postfix：x：89：89： ：/var/spool/postfix：/sbin/nologin

tcpdump：x：72：72： ：/：/sbin/nologin

fishyong：x：1000：1000：fishyong：/home/fishyong：/bin/bash

A：x：1001：1002： ：/home/A：/bin/bash

C：x：1003：1002： ：/home/C：/bin/bash

D：x：1004：1002： ：/home/D：/bin/bash

[root@localhost ~]# ls /home   // 家目录中已无 B

A C D fishyong

 实验14　文件权限、特殊权限

【实验目的】

(1) 学会文件权限的管理方法；

(2) 学会应用 SUID 权限。

【预备知识】

一、文件权限

文件是操作系统用来存储信息的基本结构，是一组信息的集合。与其他操作系统相比，Linux 系统最大的特点是没有"扩展名"的概念，也就是说文件的名称和该文件的种类并没有直接的关联。例如，1.txt 可能是一个运行文件，1.exe 也有可能是一个文本文件，甚至可以不使用扩展名。在 Linux 系统中，如果文件名以"."开始，表示该文件为隐藏文件，需要使用"ls -a"命令才能显示。

一个 Linux 目录或者文件都会有一个所属主 (user) 和所属组 (group)。所属主是指文件的拥有者，而所属组是指该文件的所属主所在的一个组。文件的读、写、执行权限可以简写为 rwx，也可分别用数字 4、2、1 来表示，文件所属主、所属组及其他用户权限之间无关联。

在 Linux 系统中，为了方便地更改文件权限，常使用数字代替"rwx"；同时，chmod 还支持使用"rwx"的方式来设置权限，可以使用 u、g、o 来代表 user、group、others 的属性，a 则代表 all(全部)；可以针对 u、g、o、a 增加或者减少某个权限 (读、写或执行)。

二、SUID 权限

如果在一个可执行文件上应用 SUID 权限，那么任何人在执行该命令时会临时得到所属主的权限。对于 SUID 权限还需要注意以下几点：

(1) SUID 权限仅对命令 (可执行文件或二进制文件) 有效。

(2) 执行者对于该命令需要具有 x 的权限。

(3) 本权限仅在执行该命令的过程中有效。

(4) 执行者将具有该命令所属主的权限。

【实验准备】

输入账号"root"、密码"root123"，账号"fishyong"、密码"root123"。

【实验步骤】

(1) 用户 fishyong 在家目录中创建文件 1.txt、目录文件 FISHA，在 FISHA 中创建文件 2.txt：

```
[root@localhost ~]# su – fishyong                              // 切换用户为 fishyong
上一次登录：一 2 月 14 09：37：16 CST 2022pts/0 上
[fishyong@localhost ~]$ cd /home/fishyong                      // 进入用户为 fishyong 家目录
[fishyong@localhost ~]$ touch 1.txt                           // 创建文件 1.txt
[fishyong@localhost ~]$ echo "happy new year">>1.txt          // 增加内容至文件
[fishyong@localhost ~]$ cat 1.txt                             // 显示文件内容
happy new year
[fishyong@localhost ~]$ mkdir FISHA                           // 目录文件 FISHA
[fishyong@localhost ~]$ cd FISHA                              // 进入目录 FISHA
```

[fishyong@localhost FISHA]$ touch 2.txt	// 在目录 FISHA 中创建文件 2.txt
[fishyong@localhost FISHA]$ echo "2022-2-23\txiugaiwenjian">>2.txt	// 给文件添加内容
[fishyong@localhost FISHA]$ cd -	// 返回家目录
/home/fishyong	
[fishyong@localhost ~]$ pwd	// 查看当前目录
/home/fishyong	
[fishyong@localhost ~]$ echo -e "2022-2-23\txiugaiwenjian">>FISHA/2.txt	// 再次给文件添加内容
[fishyong@localhost ~]$ cat FISHA/2.txt	// 查看文件内容
2022-2-23\txiugaiwenjian	
2022-2-23 xiugaiwenjian	

(2) 修改 fishyong 用户创建的 1.txt 文件、目录文件 FISHA 的所属主为 C，所属组为 ItGroup 组：

[fishyong@localhost ~]$ ls -l 1.txt	// 查看文件信息
-rw-rw-r--. 1 fishyong fishyong 15 2 月 23 17：04 1.txt	
[fishyong@localhost ~]$ chown C 1.txt	// 修改文件所属主
chown: 正在更改 "1.txt" 的所有者：不允许的操作	// 不允许此操作
[fishyong@localhost ~]$ su	// 切换用户为 root
密码：	// 输入密码 root123，按回车键
[root@localhost fishyong]# chown C /home/fishyong/1.txt	// 修改文件所属主
[root@localhost fishyong]# ls -l /home/fishyong/1.txt	// 查看文件信息
-rw-rw-r--. 1 C fishyong 15 2 月 23 17：04 /home/fishyong/1.txt	
[root@localhost fishyong]# chown ：ItGroup /home/fishyong/1.txt	// 修改文件所属组
[root@localhost fishyong]# ls -l /home/fishyong/1.txt	// 查看文件信息
-rw-rw-r--. 1 C ItGroup 15 2 月 23 17：04 /home/fishyong/1.txt	
[root@localhost fishyong]# pwd	// 查看当前目录
/home/fishyong	
[root@localhost fishyong]# ls -l FISHA	// 查看目录文件信息
总用量 4	
-rw-rw-r--. 1 fishyong fishyong 49 2 月 23 17：20 2.txt	
[root@localhost fishyong]# chown -R C FISHA	// 修改目录文件所属主
[root@localhost fishyong]# ls -l FISHA	// 查看目录文件信息
总用量 4	
-rw-rw-r--. 1 C fishyong 49 2 月 23 17：20 2.txt	
[root@localhost fishyong]# chown -R ：ItGroup FISHA	// 修改目录文件所属主
[root@localhost fishyong]# ls -l FISHA；ls -l FISHA/2.txt	// 查看目录文件信息
总用量 4	
-rw-rw-r--. 1 C ItGroup 49 2 月 23 17：20 2.txt	
-rw-rw-r--. 1 C ItGroup 49 2 月 23 17：20 FISHA/2.txt	

(3) 将 (2) 中的 1.txt 文件、目录文件 FISHA 的权限修改为 770:

```
[root@localhost fishyong]# cd                                        // 进入 root 家目录
[root@localhost ~]# ls -l /home/fishyong/1.txt                       // 显示文件信息
-rw-rw-r--. 1 C ItGroup 15 2 月 23 17: 04 /home/fishyong/1.txt
[root@localhost ~]# chmod 770 /home/fishyong/1.txt                   // 更改文件权限
[root@localhost ~]# ls -l /home/fishyong/1.txt        // 再次显示文件信息,验证结果
-rwxrwx---. 1 C ItGroup 15 2 月 23 17: 04 /home/fishyong/1.txt
[root@localhost ~]# ls -l /home/fishyong/FISHA                       // 显示文件信息
总用量 4
-rw-rw-r--. 1 C ItGroup 49 2 月 23 17: 20 2.txt
[root@localhost ~]# chmod -R u+x, g+x, o-r /home/fishyong/FISHA      // 更改文件权限
[root@localhost ~]# ls -l /home/fishyong/FISHA        // 再次显示文件信息,验证结果
总用量 4
-rwxrwx---. 1 C ItGroup 49 2 月 23 17: 20 2.txt
[root@localhost ~]# ls -l /home/fishyong/             // 再次显示文件信息,验证结果
总用量 8
-rwxrwx---. 1 C       ItGroup  15 2 月  23 17: 04 1.txt
drwxrwx--x. 2 C       ItGroup  19 2 月  23 17: 06 FISHA // 发现文件夹权限未更改完全
drwxr-xr-x. 2 fishyong fishyong  6 1 月  31 09: 01 公共
drwxr-xr-x. 2 fishyong fishyong  6 1 月  31 09: 01 模板
……省略部分信息……
[root@localhost ~]#
[root@localhost ~]# chmod -R o-x /home/fishyong/FISHA               // 更改文件权限
[root@localhost ~]# ls -l /home/fishyong/            // 再次显示文件信息,验证结果正确
总用量 8
-rwxrwx---. 1 C       ItGroup  15 2 月  23 17: 04 1.txt
-rw-rw-r--. 1 fishyong fishyong 24 2 月  23 17: 17 2.txt
drwxrwx---. 2 C       ItGroup  19 2 月  23 17: 06 FISHA
……省略部分信息……
```

(4) 允许 fishyong 递归查看目录文件 FISHA 内容:

```
[root@localhost ~]# su – fishyong                              // 切换用户
上一次登录:三 2 月 23 20: 32: 07 CST 2022pts/0 上
[fishyong@localhost ~]$ cat /home/fishyong/FISHA              // 查看 FISHA
cat: /home/fishyong/FISHA: 权限不够
[fishyong@localhost ~]$ chmod u+s /usr/bin/cat               // 添加 SUID 权限
chmod: 更改 "/usr/bin/cat" 的权限: 不允许的操作
[fishyong@localhost ~]$ su                                    // 切换用户为 root
密码:                                          // 输入密码 root123,按回车键
[root@localhost fishyong]# cd                                 // 回到 root 家目录
```

```
[root@localhost ~]# whereis cat                                    // 查看 cat 所在位置
cat：/usr/bin/cat /usr/share/man/man1/cat.1.gz /usr/share/man/man1p/cat.1p.gz
[root@localhost ~]# ll /usr/bin/cat                                // 查看命令权限，其他人具有 x 权限
-rwxr-xr-x. 1 root root 54080 8 月  20 2019 /usr/bin/cat
[root@localhost ~]# chmod u+s /usr/bin/cat                         // 添加 SUID 权限
[root@localhost ~]# su – fishyong                                  // 切换用户
上一次登录：六 2 月 26 15：41：57 CST 2022pts/0 上
[fishyong@localhost ~]$ cat /home/fishyong/FISHA                   // 查看 FISHA
cat：/home/fishyong/FISHA：是一个目录
[fishyong@localhost ~]$ cat /home/fishyong/FISHA/2.txt             // 查看 FISHA/2.txt 内容
2022-2-23\txiugaiwenjian
2022-2-23          xiugaiwenjian
```

Vi 与 GCC

项目背景

某同学今天参加面试，面试要求在虚拟机搭载的 CentOS 7 Linux 操作系统的环境下，用 GCC 编译并打印出九九乘法表。

项目分析

Linux 操作系统搭载在虚拟机上，为了实施该项目，开始项目之前，需要作如下准备：

(1) 输入账号 "root"、密码 "root123"，账号 "fishyong"、密码 "root123"；

(2) 查看系统，是否具有 GCC 编译器，有没有选择合适的软件包安装。

项目实施

(1) 选择 yum 安装 GCC；

(2) 用 Vi 编写九九乘法表代码；

(3) 编译源程序并输出结果。

实验15　Vi 与 GCC

【实验目的】

(1) 学会 Vi 编辑器的使用；

(2) 学会利用编辑器 GCC 编译程序。

【预备知识】

一、rpm 命令

rpm 命令用来进行 rpm 软件包的安装，并且是 rpm 软件包的管理工具。

其语法格式为：

> rpm［参数］安装包名 .rpm

参数：

q：查询软件包。

a：所有软件包。

i：安装软件包。

v：显示安装过程。

h：显示安装进度。

U：升级 rpm 包 (大写字母)。

e：删除软件包。

--nodeps：强制操作。

二、yum 软件仓库

在使用 rpm 时，最麻烦的是需要不断地解决依赖包问题。仅解决所谓的依赖包，可能都会耗去很多时间，在这种情况下安装软件会是非常痛苦的。

yum 软件仓库是为了进一步降低软件安装难度和复杂度而设计的。yum 软件仓库可以根据用户的要求分析出所需软件包及其相关的依赖关系，然后自动从本地 / 服务器下载软件包并安装到系统。

常见的 yum 命令及作用如下：

yum repolist all：列出所有仓库。

yum list all：列出仓库中所有的软件包。

yum clean all：清除所有仓库缓存。

yum install：安装软件包 (-y，采用 "yes" 的方式执行)。

yum remove：移除软件包。

yum update：升级软件包。

三、Vi 常用的三种模式

Vi/Vim 常用的模式有三种，分别是一般模式、编辑模式和命令模式。要想高效率地操作文本，就必须先明白这三种模式的操作区别及模式间的切换方法。

(1) 一般模式：控制光标移动，可对文本进行复制、粘贴、删除和查找等工作。

(2) 编辑模式：正常的文本录入。

(3) 命令模式：保存或退出文档，以及设置编辑环境。

【实验准备】

输入账号 "root"、密码 "root123"，账号 "fishyong"、密码 "root123"。

【实验步骤】

(1) 挂载光驱，输入命令 "mount /dev/cdrom /mnt"，如图 15-1 所示。

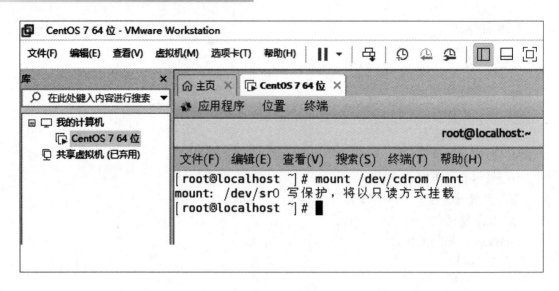

图 15-1　挂载光驱

(2) 配置 yum 源：

> [root@localhost ~]# vi /etc/yum.repos.d/soft.repo

输入字母 i，进入编辑模式，并编辑文件，配置文件如图 15-2 所示。

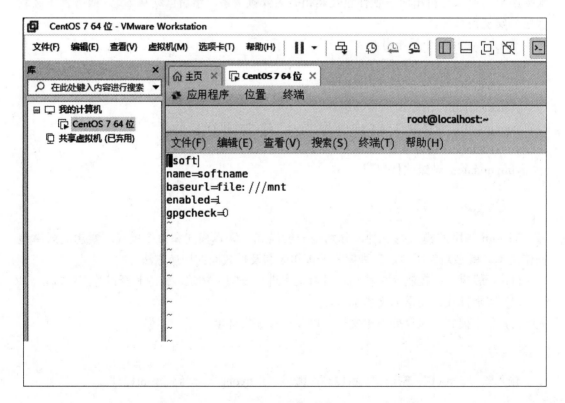

图 15-2　配置 yum 源

输入完毕后按 Esc 键退出编辑模式，进入一般模式，输入"：wq"按回车键，完成 yum 源配置，如图 15-3 所示。

注意：本环境中 yum 源已配置好，可以直接使用 yum 命令。

图 15-3　保存 yum 源

(3) 安装 GCC：

注意：本环境中 yum 源已配置好，可直接使用 yum 命令。

[root@localhost ~]# yum -y install gcc　　　　　　　　　　　　// 用 yum 安装软件

已加载插件：fastestmirror, langpacks

源 'rhel' 在配置文件中未指定名字，使用标识代替

Loading mirror speeds from cached hostfile

　* base：mirrors.tuna.tsinghua.edu.cn

　* extras：ftp.sjtu.edu.cn

　* updates：mirrors.tuna.tsinghua.edu.cn

file:///mnt/repodata/repomd.xml: [Errno 14] curl#37 - "Couldn't open file /mnt/repodata/repomd.xml"

正在尝试其他镜像。

file:///mnt/repodata/repomd.xml: [Errno 14] curl#37 - "Couldn't open file /mnt/repodata/repomd.xml"

正在尝试其他镜像。

软件包 gcc-4.8.5-44.el7.x86_64 已安装并且是最新版本

无须任何处理

```
[root@localhost ~]# rpm -qa |grep gcc                          // 查询是否安装了软件
gcc-c++-4.8.5-44.el7.x86_64
gcc-4.8.5-44.el7.x86_64                                        // 已安装
libgcc-4.8.5-44.el7.x86_64
gcc-gfortran-4.8.5-44.el7.x86_64
[root@localhost ~]# vi 99.c                                    // 编辑源程序
#include <stdio.h>
int main()
{
        int i，j；
        for(i=1；i<=9；i++)
        {
                for(j=1；j<=i；j++)
                {
                        printf("%dx%d=%d\t"，i，j，i*j)；
                }
                printf("\n")；
        }
        return 0；
}
[root@localhost ~]# gcc -o 99cfb 99.c                          // 链接生成可执行文件
[root@localhost ~]# ./99cfb                                    // 执行，查看效果
1x1=1
2x1=2    2x2=4
3x1=3    3x2=6    3x3=9
4x1=4    4x2=8    4x3=12   4x4=16
5x1=5    5x2=10   5x3=15   5x4=20   5x5=25
6x1=6    6x2=12   6x3=18   6x4=24   6x5=30   6x6=36
7x1=7    7x2=14   7x3=21   7x4=28   7x5=35   7x6=42   7x7=49
8x1=8    8x2=16   8x3=24   8x4=32   8x5=40   8x6=48   8x7=56   8x8=64
9x1=9    9x2=18   9x3=27   9x4=36   9x5=45   9x6=54   9x7=63   9x8=72   9x9=81
```

磁盘管理、U 盘挂载

 项目背景

研发部小李，需要在虚拟机搭载了 CentOS 7 Linux 操作系统的环境下，增加一个 10 GB 的硬盘。要求将硬盘进行分区，主分区为 2 GB、扩展分区为 5 GB、逻辑分区为 3 GB，并实现 FAT、NTFS 两种格式 U 盘的挂载及使用。

 项目分析

Linux 操作系统搭载在虚拟机上，为了实施该项目，开始项目之前，需要作如下准备：输入账号 "root"、密码 "root123"，账号 "fishyong"、密码 "root123"。

 项目实施

(1) 添加硬盘、分区；
(2) U 盘挂载及使用。

实验16 磁盘管理、U盘挂载

【实验目的】

学会添加磁盘、对磁盘分区以及进行 U 盘挂载。

【预备知识】

一、设备命名规则

现在的 IDE 设备已经很少见了，所以一般的硬盘设备都会以 "/dev/sd" 开头。一台主机上可以有多个硬盘，系统采用 a ~ p 来代表 16 块不同的硬盘 (默认从 a 开始)，硬盘的分区编号也很有讲究。主分区或扩展分区的编号从 1 开始，到 4 结束；逻辑分区从编号 5 开始。

设备名称是由系统内核的识别顺序来决定的，如第一个识别的为 /dev/sda。设备分区可以人工指定，因此 sda2 只能表示编号为 2 的分区，不能判断 sda 设备上已经存在 2 个分区。

二、fdisk 命令

fdisk 命令用于在交互式的操作环境中管理磁盘分区。其语法格式为：

　　　　fdisk［-l］［设备名称］// 只有一个 "-l" 参数 (小写字母 L)

说明："-l" 后边不跟设备名，会直接列出系统中所有的磁盘设备及分区表，加上设备名会列出该设备的分区表。

【实验准备】

输入账号 "root"、密码 "root123"，账号 "fishyong"、密码 "root123"。

【实验步骤】

1. 添加硬盘

(1) 双击虚拟机快捷方式，打开虚拟机，如图 16-1 所示。

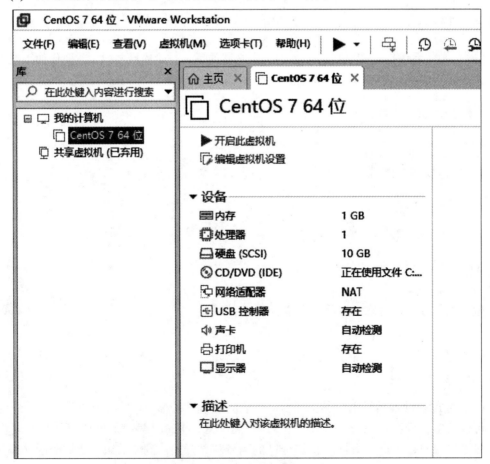

图 16-1　开启虚拟机

(2) 单击菜单栏中的 "虚拟机→设置"，进入 "虚拟机设置" 界面，如图 16-2 所示。

图 16-2 "虚拟机设置"界面

(3) 单击"添加",进入"硬件类型"界面,如图 16-3 所示。

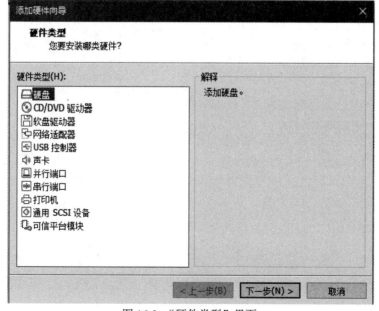

图 16-3 "硬件类型"界面

(4) 保持默认设置，单击"下一步"按钮，进入"选择磁盘类型"界面，如图 16-4 所示。

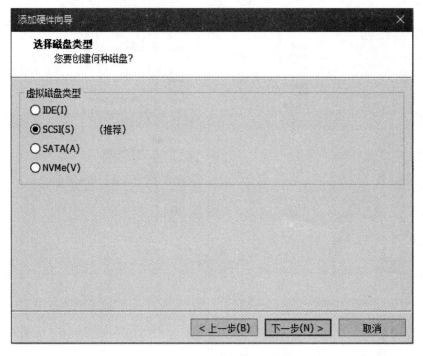

图 16-4 "选择磁盘类型"界面

(5) 保持默认设置，单击"下一步"按钮，进入"选择磁盘"界面，如图 16-5 所示。

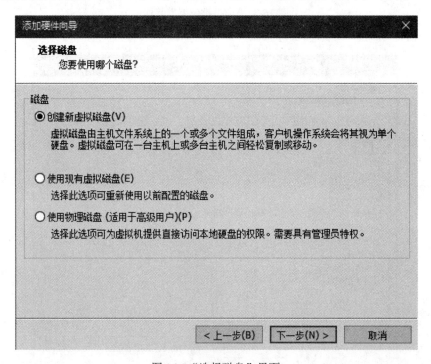

图 16-5 "选择磁盘"界面

(6) 选中"创建新虚拟磁盘",单击"下一步"按钮,进入"指定磁盘容量"界面,如图 16-6 所示。

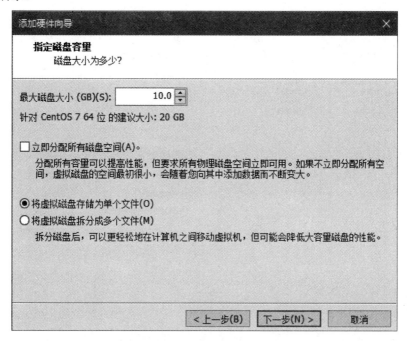

图 16-6 "指定磁盘容量"界面

(7) 将"最大磁盘大小"选为 10.0,选中"将虚拟磁盘存储为单个文件",单击"下一步"按钮,进入"指定磁盘文件"界面,如图 16-7 所示。

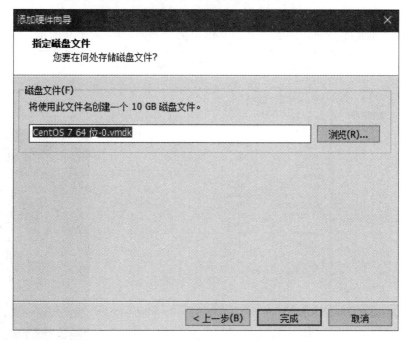

图 16-7 "指定磁盘文件"界面

(8) 保持默认设置,单击"完成"按钮,回到"虚拟机设置"界面,如图 16-8 所示。

图 16-8 "虚拟机设置"界面

(9) 单击"确定"按钮，回到"开启此虚拟机"界面，如图 16-9 所示。

图 16-9 "开启此虚拟机"界面

(10) 单击"开启此虚拟机",等待系统启动。root用户本地登录服务器系统,单击"应用程序→系统工具→终端",输入"fdisk –l"命令,按回车键,查看磁盘名称"/dev/sdb",如图 16-10 所示。

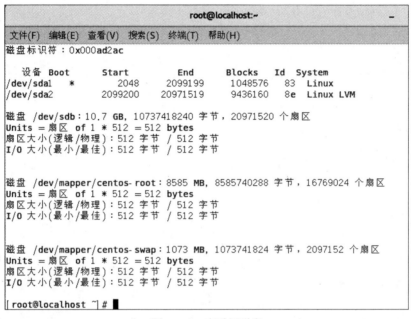

图 16-10　查看新磁盘

2. 对磁盘进行分区和保存

输入如下命令对磁盘进行分区和保存:

```
[root@localhost ~]# fdisk /dev/sdb                                    // 对磁盘分区

欢迎使用 fdisk (util-linux 2.23.2)。

更改将停留在内存中,直到您决定将更改写入磁盘。

使用写入命令前请三思。

Device does not contain a recognized partition table

使用磁盘标识符 0x186a3b4a 创建新的 DOS 磁盘标签。

命令 ( 输入 m 获取帮助 ): m                                           // 查看帮助信息

命令操作

    a    toggle a bootable flag

    b    edit bsd disklabel

    c    toggle the dos compatibility flag

    d    delete a partition

    g    create a new empty GPT partition table

    G    create an IRIX (SGI) partition table

    l    list known partition types

    m    print this menu

    n    add a new partition
```

　　o　create a new empty DOS partition table

　　p　print the partition table

　　q　quit without saving changes

　　s　create a new empty Sun disklabel

　　t　change a partition's system id

　　u　change display/entry units

　　v　verify the partition table

　　w　write table to disk and exit

　　x　extra functionality (experts only)

命令 (输入 m 获取帮助)：n　　　　　　　　　　　　　　// 新建分区

Partition type：

　　p　primary (0 primary, 0 extended, 4 free)

　　e　extended

Select (default p)：p　　　　　　　　　　　　　// 新建主分区

分区号 (1-4，默认 1)：2　　　　　　　　　　　　// 指定分区号

起始 扇区 (2048-20971519，默认为 2048)：　　　　　　// 开始扇区，回车即可

将使用默认值 2048

Last 扇区 , + 扇区 or +size{K,M,G} (2048-20971519，默认为 20971519)：+2G

分区 2 已设置为 Linux 类型，大小设为 2 GiB　　　　　// 分区大小为 2 GB

命令 (输入 m 获取帮助)：n　　　　　　　　　　　　　　// 新建分区

Partition type：

　　p　primary (1 primary, 0 extended, 3 free)

　　e　extended

Select (default p)：e　　　　　　　　　　　　　// 新建扩展分区

分区号 (1,3,4，默认 1)：3　　　　　　　　　　　// 指定分区号

起始 扇区 (4196352-20971519，默认为 4196352)：　　　　// 默认，按回车键

将使用默认值 4196352

Last 扇区 , + 扇区 or +size{K,M,G} (4196352-20971519，默认为 20971519)：+5G

分区 3 已设置为 Extended 类型，大小设为 5 GiB

命令 (输入 m 获取帮助)：n　　　　　　　　　　　　　　// 新建分区

Partition type：

　　p　primary (1 primary, 1 extended, 2 free)

　　l　logical (numbered from 5)

Select (default p)：l　　　　　　　　　　　　　// 新建逻辑分区

添加逻辑分区 5

起始 扇区 (4198400-14682111，默认为 4198400)：　　　　// 默认，按回车键

将使用默认值 4198400

Last 扇区 , + 扇区 or +size{K,M,G} (4198400-14682111，默认为 14682111)：+3G

分区 5 已设置为 Linux 类型，大小设为 3 GiB　　　　　// 分区大小为 3 GB

命令 (输入 m 获取帮助)：p　　　　　　　　　　　　　　　　// 查看分区信息

磁盘 /dev/sdb：10.7 GB, 10737418240 字节，20971520 个扇区

Units = 扇区 of 1 * 512 = 512 bytes

扇区大小 (逻辑 / 物理)：512 字节 / 512 字节

I/O 大小 (最小 / 最佳)：512 字节 / 512 字节

磁盘标签类型：dos

磁盘标识符：0x186a3b4a

设备 Boot	Start	End	Blocks	Id	System	
/dev/sdb2	2048	4196351	2097152	83	Linux	// 主分区
/dev/sdb3	4196352	14682111	5242880	5	Extended	// 扩展分区
/dev/sdb5	4198400	10489855	3145728	83	Linux	// 逻辑分区

命令 (输入 m 获取帮助)：w　　　　　　　　　　　　　　　// 保存分区信息

The partition table has been altered!

Calling ioctl() to re-read partition table.

正在同步磁盘。

注意：在操作过程中，如果在分区界面直接按"Ctrl+C"快捷键退出，那么刚刚完成的分区全部被取消；如果在输入命令或者其他数值时出现了类似"Last sector，+sectors or +size{K，M，G} (2048-206847，default 206847)：+100^H^H"的情况，那么按 Backspace 键会增加"^H"，此时按"Ctrl+U"快捷键即可删掉重来。

3. 挂载及使用 FAT32 U 盘

(1) 插入 U 盘，在弹出的对话框中选择"连接到主机"，如图 16-11 所示。

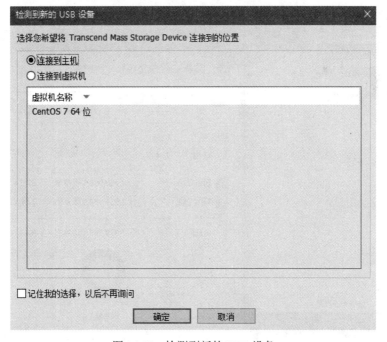

图 16-11　检测到新的 USB 设备

(2) 单击"确定"按钮，进入"可移动设备"界面，如图 16-12 所示。

图 16-12 "可移动设备"界面

(3) 单击"确定"按钮，并最小化虚拟机。

(4) 双击桌面"此电脑"，打开"设备和驱动器"界面，选中 U 盘，单击鼠标右键，点击"属性"，查看 U 盘文件系统"FAT32"，如图 16-13 所示。

图 16-13 查看 U 盘属性

(5) 关闭 U 盘属性对话框。

(6) 单击桌面底部虚拟机标示图,将虚拟机窗口还原,单击"虚拟机→可移动设备→ Transcend Mass Storage Device →连接 (断开与主机的连接)",弹出如图 16-14 所示对话框。

图 16-14　U 盘连接虚拟机

(7) 单击"确定"按钮,关闭对话框。

(8) 进入终端,输入"fdisk –l"命令,查看 U 盘设备名称,如图 16-15 所示。

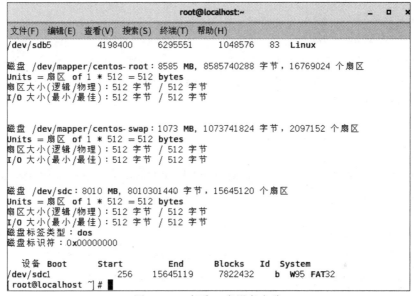

图 16-15　查看 U 盘设备名称

(9) 输入如下命令:

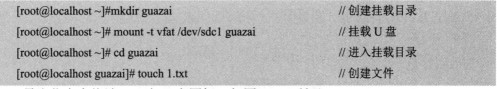

[root@localhost ~]#mkdir guazai	// 创建挂载目录
[root@localhost ~]# mount -t vfat /dev/sdc1 guazai	// 挂载 U 盘
[root@localhost ~]# cd guazai	// 进入挂载目录
[root@localhost guazai]# touch 1.txt	// 创建文件

(10) 最小化命令终端,双击 U 盘图标,如图 16-16 所示。

图 16-16　U 盘图标

(11) 打开 U 盘，查看文件 1.txt，如图 16-17 所示。

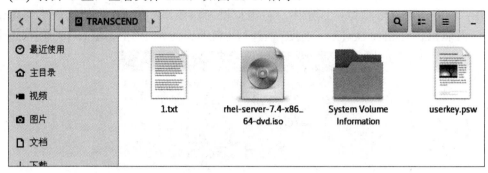

图 16-17　U 盘

(12) 验证完毕后关闭 U 盘窗口。

4. 撤销挂载 U 盘

(1) 恢复终端窗口，输入如下命令：

[root@localhost guazai]# cd

[root@localhost ~]# umount /dev/sdc1　　　　　　　　　　// 撤销挂载 U 盘

(2) 单击"虚拟机→可移动设备→ Transcend Mass Storage Device →断开连接 (连接主机)"，U 盘回到真机。

5. NTFS 格式 U 盘挂载

(1) 输入如下命令：

[root@localhost ~]# wget -O /etc/yum.repos.d/epel.repo http://mirrors.aliyun.com/repo/epel-7.repo

结果如图 16-18 所示。

```
[root@localhost ~]# wget -O /etc/yum.repos.d/epel.repo http://mirrors.aliyun.com
/repo/epel-7.repo
--2022-01-05 14:26:41--  http://mirrors.aliyun.com/repo/epel-7.repo
正在解析主机 mirrors.aliyun.com (mirrors.aliyun.com)... 121.228.105.217, 221.231
.81.242, 121.228.105.218, ...
正在连接 mirrors.aliyun.com (mirrors.aliyun.com)|121.228.105.217|:80... 已连接。
已发出 HTTP 请求，正在等待回应... 200 OK
长度：664 [application/octet-stream]
正在保存至："/etc/yum.repos.d/epel.repo"

100%[===================================>] 664         --.-K/s 用时 0s

2022-01-05 14:26:41 (144 MB/s) - 已保存 "/etc/yum.repos.d/epel.repo" [664/664] )
```

图 16-18　下载文件

(2) 输入如下命令：

[root@localhost ~]#yum update；yum install ntfs-3g　　　　　　　　// 安装软件

安装过程中输入 2 次 y，如图 16-19、图 16-20 所示。

```
安装    2 软件包
升级  304 软件包

总计：548 M
Is this ok [y/d/N]: y
```

图 16-19　第一次输入 y

```
事务概要

安装  1 软件包（+1 依赖软件包）

总下载量：298 k
安装大小：649 k
Is this ok [y/d/N]：y
```

图 16-20　第二次输入 y

(3) 安装完成，如图 16-21 所示。

```
                        root@localhost:~/usr                    _  □  ×
文件(F)  编辑(E)  查看(V)  搜索(S)  终端(T)  帮助(H)
安装大小：649 k
Is this ok [y/d/N]：y
Downloading packages:
(1/2): ntfs-3g-libs-2021.8.22-2.el7.x86_64.rpm         | 175 kB  00:00
(2/2): ntfs-3g-2021.8.22-2.el7.x86_64.rpm              | 123 kB  00:00
------------------------------------------------------------------------
总计                                    1.0 MB/s | 298 kB  00:00
Running transaction check
Running transaction test
Transaction test succeeded
Running transaction
  正在安装    : 2:ntfs-3g-libs-2021.8.22-2.el7.x86_64              1/2
  正在安装    : 2:ntfs-3g-2021.8.22-2.el7.x86_64                  2/2
  验证中      : 2:ntfs-3g-2021.8.22-2.el7.x86_64                  1/2
  验证中      : 2:ntfs-3g-libs-2021.8.22-2.el7.x86_64              2/2

已安装:
  ntfs-3g.x86_64 2:2021.8.22-2.el7

作为依赖被安装:
  ntfs-3g-libs.x86_64 2:2021.8.22-2.el7

完毕！
```

图 16-21　ntfs 安装完毕

(4) 输入如下命令挂载 U 盘：

```
[root@localhost ~]#mount -t ntfs-3g /dev/sdc1 guazai

[root@localhost ~]# umount /dev/sdc1                          // 撤销挂载 U 盘
```

项目七

构建 FTP 服务器

项目背景

研发部实习生小李，需要学会构建 FTP 服务器，研发部已给小李配发一台电脑，已安装虚拟机，虚拟机搭载了 CentOS 7 Linux 操作系统。要求在 Linux 操作系统中搭建 FTP 服务器，把文件 shangchuan.txt 上传至 FTP，然后下载并验证文件上传成功。

项目分析

Linux 操作系统搭载在虚拟机上，为了实施该项目，开始之前需要作如下准备：

(1) 输入账号"root"、密码"root123"，账号"fishyong"、密码"root123"；

(2) 查看真机 Vmnet8 的 IP 地址，并记录 IP 地址 192.168.1.100；

(3) 虚拟机网络连接方式为 NAT 模式；

(4) 设置虚拟机静态 IP 地址，网关、DNS1 设置为 Vmnet8 的 IP 地址 192.168.1.100。

项目实施

(1) FTP 的安装及启动；

(2) FTP 的配置；

(3) 上传及下载文件。

 实验17 构建FTP服务器

【实验目的】

学会 Linux 操作系统下 FTP 服务器的构建。

【预备知识】

一、vsftpd

目前，在开源操作系统中常用的 FTP 服务器程序主要有 vsftpd、ProFTPD、PureFTPd 和 wuftpd 等，在如此多的 FTP 服务器程序中，vsftpd 是一款在 Linux 发行版中最流行的

FTP 服务器程序，其特点是小巧轻快、安全易用。

二、FTP

文件传输协议 (File Transfer Protocol，FTP) 简称文传协议，用于在 Internet 上控制文件的双向传输。FTP 客户上传文件时，通过服务器 20 号端口建立的连接是建立在 TCP 之上的数据连接，通过服务器 21 号端口建立的连接是建立在 TCP 之上的控制连接。

【实验准备】

(1) 输入账号"root"、密码"root123"，账号"fishyong"、密码"root123"；

(2) 查看真机 Vmnet8 的 IP 地址，并记录 IP 地址 (192.168.1.100)；

(3) 虚拟机网络连接方式为 NAT 模式；

(4) 设置虚拟机静态 IP 地址为 192.168.1.101，网关、DNS1 设置为 Vmnet8 的 IP 地址 192.168.1.100。

【实验步骤】

(1) 修改网络配置文件：

```
[root@localhost ~]# ls /etc/sysconfig/network-scripts/          // 找出物理网卡 ens33
ifcfg-ens33  ifdown-ppp       ifup-ib       ifup-Team
ifcfg-lo     ifdown-routes    ifup-ippp     ifup-TeamPort
ifdown       ifdown-sit       ifup-ipv6     ifup-tunnel
ifdown-bnep  ifdown-Team      ifup-isdn     ifup-wireless
ifdown-eth   ifdown-TeamPort  ifup-plip     init.ipv6-global
ifdown-ib    ifdown-tunnel    ifup-plusb    network-functions
ifdown-ippp  ifup             ifup-post     network-functions-ipv6
ifdown-ipv6  ifup-aliases     ifup-ppp
ifdown-isdn  ifup-bnep        ifup-routes
ifdown-post  ifup-eth         ifup-sit
[root@localhost ~]# vi /etc/sysconfig/network-scripts/ifcfg-ens33     // 修改网络配置文件
HWADDR=00：0C：29：A5：39：E0
TYPE=Ethernet
IEEE_8021X_EAP_METHODS=PWD
IEEE_8021X_IDENTITY=CMCC-501
PROXY_METHOD=none
BROWSER_ONLY=no
BOOTPROTO=none                          // 启动协议的方式有 dhcp|static|none
DEFROUTE=yes
IPV4_FAILURE_FATAL=no
IPV6INIT=yes
IPV6_AUTOCONF=yes
```

```
        IPV6_DEFROUTE=yes
        IPV6_FAILURE_FATAL=no
        IPV6_ADDR_GEN_MODE=stable-privacy
        NAME="ens33"                              // 网卡
        UUID=91546735-6456-3b74-9449-d258df7d5688
        ONBOOT=yes                                // 开机启动此网卡
        AUTOCONNECT_PRIORITY=-999
        IPADDR=192.168.1.101                      //IP 地址
        PREFIX=24                                 // 子网掩码
        GATEWAY=192.168.1.100                     // 网关
        DNS1=192.168.1.100                        //DNS，Vmnet8 的 IP 地址
        PEERDNS=no
        ：wq                                      // 按 Esc 键，输入 wq 命令保存文件并退出
[root@localhost ~]# systemctl restart network.service    // 重启网卡
[root@localhost ~]# ip addr                       // 查看 IP 地址
1：lo：<LOOPBACK，UP，LOWER_UP> mtu 65536 qdisc noqueue state UNKNOWN group
default qlen 1000
        link/loopback 00：00：00：00：00：00 brd 00：00：00：00：00：00
        inet 127.0.0.1/8 scope host lo
           valid_lft forever preferred_lft forever
        inet6 ：1/128 scope host
           valid_lft forever preferred_lft forever
2：ens33：<BROADCAST，MULTICAST，UP，LOWER_UP> mtu 1500 qdisc pfifo_fast state UP
group default qlen 1000
        link/ether 00：0c：29：a5：39：e0 brd ff：ff：ff：ff：ff：ff
        inet 192.168.1.101/24 brd 192.168.1.255 scope global noprefixroute ens33
           valid_lft forever preferred_lft forever
        inet6 fe80：：4b17：5e41：6425：b8a4/64 scope link noprefixroute
           valid_lft forever preferred_lft forever
3：virbr0：<NO-CARRIER，BROADCAST，MULTICAST，UP> mtu 1500 qdisc noqueue state
DOWN group default qlen 1000
        link/ether 52：54：00：6d：33：32 brd ff：ff：ff：ff：ff：ff
        inet 192.168.122.1/24 brd 192.168.122.255 scope global virbr0
           valid_lft forever preferred_lft forever
4：virbr0-nic：<BROADCAST，MULTICAST> mtu 1500 qdisc pfifo_fast master virbr0 state DOWN
group default qlen 1000
        link/ether 52：54：00：6d：33：32 brd ff：ff：ff：ff：ff：ff
[root@localhost ~]#
```

(2) 安装 vsftpd、ftp 软件包：

```
[root@localhost ~]# yum –y install vsftpd ftp      // 安装 vsftpd 和 ftp 软件包
```

已加载插件：fastestmirror，langpacks

源 'rhel' 在配置文件中未指定名字，使用标识代替

/var/run/yum.pid 已被锁定，PID 为 2659 的另一个程序正在运行。

Another app is currently holding the yum lock；waiting for it to exit...

　　另一个应用程序是：PackageKit

　　　内存：145 M RSS (571 MB VSZ)

　　　已启动：Mon Feb 28 16：36：54 2022 - 01：46 之前

　　　状态：不可中断，进程 ID：2659

Another app is currently holding the yum lock；waiting for it to exit...

　　另一个应用程序是：PackageKit

　　　内存：145 M RSS (571 MB VSZ)

　　　已启动：Mon Feb 28 16：36：54 2022 - 01：48 之前

　　　状态：运行中，进程 ID：2659

Another app is currently holding the yum lock；waiting for it to exit...

　　另一个应用程序是：PackageKit

　　　内存：145 M RSS (571 MB VSZ)

　　　已启动：Mon Feb 28 16：36：54 2022 - 01：50 之前

　　　状态：不可中断，进程 ID：2659

Another app is currently holding the yum lock；waiting for it to exit...

　　另一个应用程序是：PackageKit

　　　内存：145 M RSS (571 MB VSZ)

　　　已启动：Mon Feb 28 16：36：54 2022 - 01：52 之前

　　　状态：运行中，进程 ID：2659

Another app is currently holding the yum lock；waiting for it to exit...

　　另一个应用程序是：PackageKit

　　　内存：145 M RSS (571 MB VSZ)

　　　已启动：Mon Feb 28 16：36：54 2022 - 01：54 之前

　　　状态：睡眠中，进程 ID：2659

Another app is currently holding the yum lock；waiting for it to exit...

　　另一个应用程序是：PackageKit

　　　内存：145 M RSS (571 MB VSZ)

　　　已启动：Mon Feb 28 16：36：54 2022 - 01：56 之前

　　　状态：睡眠中，进程 ID：2659

Loading mirror speeds from cached hostfile

 * base：mirrors.tuna.tsinghua.edu.cn

 * extras：mirrors.nju.edu.cn

 * updates：mirrors.nju.edu.cn

file：///mnt/repodata/repomd.xml：[Errno 14] curl#37 - "Couldn't open file /mnt/repodata/repomd.xml"

正在尝试其他镜像。

file：///mnt/repodata/repomd.xml：[Errno 14] curl#37 - "Couldn't open file /mnt/repodata/ repomd. xml"

正在尝试其他镜像。

正在解决依赖关系

--> 正在检查事务

---> 软件包 ftp.x86_64.0.0.17-67.el7 将被 安装

---> 软件包 vsftpd.x86_64.0.3.0.2-29.el7_9 将被 安装

--> 解决依赖关系完成

依赖关系解决

===

Package	架构	版本	源	大小

===

正在安装：

ftp	x86_64	0.17-67.el7	base	61 k
vsftpd	x86_64	3.0.2-29.el7_9	updates	173 k

事务概要

===

安装 2 软件包

总下载量：233 k

安装大小：449 k

Downloading packages：

No Presto metadata available for base

No Presto metadata available for updates

警告：/var/cache/yum/x86_64/7/base/packages/ftp-0.17-67.el7.x86_64.rpm： 头 V3 RSA/SHA256 Signature，密钥 ID f4a80eb5: NOKEY

ftp-0.17-67.el7.x86_64.rpm 的公钥尚未安装

(1/2)：ftp-0.17-67.el7.x86_64.rpm | 61 kB 00：02

vsftpd-3.0.2-29.el7_9.x86_64.rpm 的公钥尚未安装] 223 kB/s | 203 kB 00：00 ETA

(2/2)：vsftpd-3.0.2-29.el7_9.x86_64.rpm | 173 kB 00：02

总计   88 kB/s | 233 kB 00：02

从 file：///etc/pki/rpm-gpg/RPM-GPG-KEY-CentOS-7 检索密钥

导入 GPG key 0xF4A80EB5：

用户 ID   ："CentOS-7 Key (CentOS 7 Official Signing Key) <security@centos.org>"

指纹   ：6341 ab27 53d7 8a78 a7c2 7bb1 24c6 a8a7 f4a8 0eb5

软件包   ：centos-release-7-9.2009.0.el7.centos.x86_64 (@anaconda)

来自   ：/etc/pki/rpm-gpg/RPM-GPG-KEY-CentOS-7

```
Running transaction check
Running transaction test
Transaction test succeeded
Running transaction
  正在安装   : vsftpd-3.0.2-29.el7_9.x86_64                                    1/2
  正在安装   : ftp-0.17-67.el7.x86_64                                         2/2
  验证中     : ftp-0.17-67.el7.x86_64                                         1/2
  验证中     : vsftpd-3.0.2-29.el7_9.x86_64                                   2/2
已安装：
  ftp.x86_64 0: 0.17-67.el7          vsftpd.x86_64 0: 3.0.2-29.el7_9
完毕！
```

(3) 开启 vsftpd 服务：

```
[root@localhost ~]# systemctl start vsftpd            // 开启 vsftpd 服务
```

(4) 匿名登录 FTP：

```
[root@localhost ~]# ftp 192.168.1.101                 // 登录 FTP 站点
Connected to 192.168.1.101 (192.168.1.101).
220 (vsFTPd 3.0.2)
Name (192.168.1.101：root): ftp                        // 匿名用户名 ftp
331 Please specify the password.
Password:                                              // 直接按回车键
230 Login successful.
Remote system type is UNIX.
Using binary mode to transfer files.
ftp> ls                                                // 查看站点目录内容
227 Entering Passive Mode (192，168，1，101，228，186).
150 Here comes the directory listing.
drwxr-xr-x    2 0        0              6 Jun 09  2021 pub
226 Directory send OK.
ftp> quit                                              // 退出站点
221 Goodbye.
[root@localhost ~]#
```

(5) 禁止匿名登录 FTP：

```
[root@localhost ~]# vi /etc/selinux/config            // 打开 selinux 配置文件
# This file controls the state of SELinux on the system.
# SELINUX= can take one of these three values：
#      enforcing - SELinux security policy is enforced.
#      permissive - SELinux prints warnings instead of enforcing.
#      disabled - No SELinux policy is loaded.
SELINUX=disabled                                       // 关闭 selinux，默认为 enforcing
```

```
# SELINUXTYPE= can take one of three values：
#      targeted - Targeted processes are protected，
#      minimum - Modification of targeted policy. Only selected processes are protected.
#      mls - Multi Level Security protection.
SELINUXTYPE=targeted
~
：wq                              // 修改完毕后按 Esc 键，输入 "：wq"，按回车键
[root@localhost ~]# reboot              // 重启系统，使得关闭 selinux 配置文件生效
[root@localhost ~]# vi /etc/vsftpd/vsftpd.conf   // 修改 vsftpd 配置文件
# Example config file /etc/vsftpd/vsftpd.conf
#
# The default compiled in settings are fairly paranoid.This sample file
# loosens things up a bit，to make the ftp daemon more usable.
# Please see vsftpd.conf.5 for all compiled in defaults.
#
# READ THIS：This example file is NOT an exhaustive list of vsftpd options.
# Please read the vsftpd.conf.5 manual page to get a full idea of vsftpd's
# capabilities.
#
# Allow anonymous FTP? (Beware - allowed by default if you comment this out) .
anonymous_enable=NO             // 禁止匿名用户访问
#
# Uncomment this to allow local users to log in.
# When SELinux is enforcing check for SE bool ftp_home_dir
local_enable=YES                // 允许本地用户登录 FTP
#
# Uncomment this to enable any form of FTP write command.
write_enable=YES                // 运行用户在 FTP 目录有写入权限
#
# Default umask for local users is 077.You may wish to change this to 022，
# if your users expect that (022 is used by most other ftpd's)
local_umask=022                 // 设置本地用户的文件生成掩码为 022，默认为 077
#
# Uncomment this to allow the anonymous FTP user to upload files.This only
# has an effect if the above global write enable is activated.Also，you will
# obviously need to create a directory writable by the FTP user.
# When SELinux is enforcing check for SE bool allow_ftpd_anon_write，allow_ftpd_full_access
#anon_upload_enable=YES
#
```

Uncomment this if you want the anonymous FTP user to be able to create
new directories.
#anon_mkdir_write_enable=YES
#
# Activate directory messages - messages given to remote users when they
# go into a certain directory.
dirmessage_enable=YES
#
# Activate logging of uploads/downloads.
xferlog_enable=YES
#
# Make sure PORT transfer connections originate from port 20 (ftp-data).
connect_from_port_20=YES   // 启用 FTP 数据端口的连接请求
#
If you want，you can arrange for uploaded anonymous files to be owned by
a different user.Note! Using "root" for uploaded files is not
recommended!
#chown_uploads=YES
#chown_username=whoever
#
You may override where the log file goes if you like.The default is shown
below.
#xferlog_file=/var/log/xferlog
#
# If you want，you can have your log file in standard ftpd xferlog format.
# Note that the default log file location is /var/log/xferlog in this case.
xferlog_std_format=YES
#
You may change the default value for timing out an idle session.
#idle_session_timeout=600
#
You may change the default value for timing out a data connection.
#data_connection_timeout=120
#
It is recommended that you define on your system a unique user which the
ftp server can use as a totally isolated and unprivileged user.
#nopriv_user=ftpsecure
#
Enable this and the server will recognise asynchronous ABOR requests. Not

recommended for security (the code is non-trivial) .Not enabling it,

however, may confuse older FTP clients.

#async_abor_enable=YES

#

By default the server will pretend to allow ASCII mode but in fact ignore

the request. Turn on the below options to have the server actually do ASCII

mangling on files when in ASCII mode.The vsftpd.conf(5) man page explains

the behaviour when these options are disabled.

Beware that on some FTP servers, ASCII support allows a denial of service

attack (DoS) via the command "SIZE /big/file" in ASCII mode. vsftpd

predicted this attack and has always been safe, reporting the size of the

raw file.

ASCII mangling is a horrible feature of the protocol.

#ascii_upload_enable=YES

#ascii_download_enable=YES

#

You may fully customise the login banner string:

#ftpd_banner=Welcome to blah FTP service.

#

You may specify a file of disallowed anonymous e-mail addresses.Apparently

useful for combatting certain DoS attacks.

#deny_email_enable=YES

(default follows)

#banned_email_file=/etc/vsftpd/banned_emails

#

You may specify an explicit list of local users to chroot() to their home

directory. If chroot_local_user is YES, then this list becomes a list of

users to NOT chroot().

(Warning! chroot'ing can be very dangerous. If using chroot, make sure that

the user does not have write access to the top level directory within the

chroot)

#chroot_local_user=YES

#chroot_list_enable=YES

(default follows)

#chroot_list_file=/etc/vsftpd/chroot_list

#

You may activate the "-R" option to the builtin ls.This is disabled by

default to avoid remote users being able to cause excessive I/O on large

sites. However, some broken FTP clients such as "ncftp" and "mirror" assume

```
# the presence of the "-R" option，so there is a strong case for enabling it.
#ls_recurse_enable=YES
#
# When "listen" directive is enabled，vsftpd runs in standalone mode and
# listens on IPv4 sockets.This directive cannot be used in conjunction
# with the listen_ipv6 directive.
listen=YES
#
# This directive enables listening on IPv6 sockets. By default，listening
# on the IPv6 "any" address (：：) will accept connections from both IPv6
# and IPv4 clients.It is not necessary to listen on *both* IPv4 and IPv6
# sockets. If you want that (perhaps because you want to listen on specific
# addresses) then you must run two copies of vsftpd with two configuration
# files.
# Make sure，that one of the listen options is commented !!
```
　　　　　　　　　　　　　　　// 此行有关 IPv6 的代码必须删除
```
pam_service_name=vsftpd    // 设置 PAM 认证服务配置文件名称，将文件放在 /etc/pam.d/ 目录
userlist_enable=YES                            // 用户列表中的用户不允许登录 FTP 服务器
tcp_wrappers=YES
：wq                        // 修改完毕后，按 Esc 键，输入"：wq"命令，按回车键
[root@localhost ~]# systemctl restart vsftpd    // 重启 vsftpd 服务
[root@localhost ~]# ftp 192.168.1.101          // 登录站点
Connected to 192.168.1.101 (192.168.1.101).
220 (vsFTPd 3.0.2)
Name (192.168.1.101：root): ftp              // 匿名用户名为 ftp
331 Please specify the password.
Password：                                    // 直接按回车键
530 Login incorrect.
Login failed.                                  // 登录失败
ftp> quit                                      // 退出 FTP 站点
221 Goodbye.
```

(6) 用户 A 登录 FTP，上传及下载文件：

```
[root@localhost ~]# cd /tmp/                                              // 进入文件夹 /tmp/
[root@localhost tmp]# echo "FTP shangchuanwenjian A"> shangchuan.txt      // 创建需上传的文件
[root@localhost tmp]# cat shangchuan.txt                                  // 显示文件
FTP shangchuanwenjian A
[root@localhost tmp]# cd                                                  // 返回 root 家目录
[root@localhost ~]# ftp 192.168.1.101                                     // 登录 FTP
Connected to 192.168.1.101 (192.168.1.101).
```

```
        220 (vsFTPd 3.0.2)
        Name (192.168.1.101：root)：A                        // 用户 A
        331 Please specify the password.
        Password：                                            // 密码为 12345678
        230 Login successful.                                 // 登录成功
        Remote system type is UNIX.
        Using binary mode to transfer files.
        ftp> mkdir aftp                                       // 创建文件夹 aftp
        257 "/home/A/aftp" created
        ftp> cd aftp                                          // 切换至文件夹 aftp
        250 Directory successfully changed.
        ftp> put /tmp/shangchuan.txt shangchuan.txt           // 将文件上传至文件夹 aftp
        local：/tmp/shangchuan.txt remote：shangchuan.txt
        227 Entering Passive Mode (192，168，1，101，117，156) .
        150 Ok to send data.
        226 Transfer complete.                                // 文件上传完成
        24 bytes sent in 6.2e-05 secs (387.10 Kbytes/sec)
        ftp> get shangchuan.txt /home/A/shangchuandown.txt    // 下载文件
        local：/home/A/shangchuandown.txt remote：shangchuan.txt
        227 Entering Passive Mode (192，168，1，101，173，217).
        150 Opening BINARY mode data connection for shangchuan.txt (24 bytes).
        226 Transfer complete.                                // 文件下载完成
        24 bytes received in 3.7e-05 secs (648.65 Kbytes/sec)
        ftp> bye                                              // 退出 FTP 站点
        221 Goodbye.
        [root@localhost ~]# ls /home/A/                       // 查看下载的文件
        aftp  shangchuandown.txt
        [root@localhost ~]#
```

项目八

构建 DNS 服务器

项目背景

研发部实习生小王，需要学会构建 DNS 服务器，研发部已给小王一台电脑，已安装虚拟机，虚拟机搭载了 CentOS 7 Linux 操作系统。要求在 Linux 操作系统中搭建 DNS 服务器，解析 sdcet.cn 域中的 www 主机，即 www.sdcet.cn 解析到操作系统 192.168.1.101(虚拟机 CentOS 7 的 IP 地址)，www 的别名记录 CNAME 为 ftp。

项目分析

Linux 操作系统搭载在虚拟机上，为了实施该项目，开始之前，需要作如下准备：

(1) 输入账号 "root"、密码 "root123"，账号 "fishyong"、密码 "root123"；

(2) 查看真机 Vmnet8 的 IP 地址，并记录 IP 地址 192.168.1.100；

(3) 虚拟机网络连接方式为 NAT 模式；

(4) 设置虚拟机静态 IP 地址，网关、DNS1 设置为 Vmnet8 的 IP 地址 192.168.1.100。

项目实施

(1) DNS 的安装及启动；

(2) DNS 的配置；

(3) DNS 测试。

实验18　构建DNS服务器

【实验目的】

学会 Linux 操作系统下 DNS 服务器的构建。要求：解析 sdcet.cn 域中的 www 主机，即 www.sdcet.cn 解析到操作系统 192.168.1.101(虚拟机 CentOS7 IP 地址)，www 的别名记录 CNAME 为 ftp。

【实验准备】

(1) 输入账号 "root"、密码 "root123"，账号 "fishyong"、密码 "root123"；

(2) 查看真机 Vmnet8 的 IP 地址，并记录 IP 地址 192.168.1.100；

(3) 虚拟机网络连接方式为 NAT 模式;

(4) 设置虚拟机静态 IP 地址,网关、DNS1 设置为 Vmnet8 的 IP 地址 192.168.1.100。

【实验步骤】

(1) 安装 DNS:

```
[root@localhost ~]# yum -y install bind*                          // 安装 DNS
已加载插件: fastestmirror, langpacks
源 'rhel' 在配置文件中未指定名字,使用标识代替
Loading mirror speeds from cached hostfile
 * base: mirrors.tuna.tsinghua.edu.cn
 * extras: mirrors.tuna.tsinghua.edu.cn
 * updates: mirrors.tuna.tsinghua.edu.cn
base                                                          | 3.6 kB   00: 00
extras                                                        | 2.9 kB   00: 00
file: ///mnt/repodata/repomd.xml: [Errno 14] curl#37 - "Couldn't open file /mnt/repodata/
repomd.xml"
正在尝试其他镜像。
file: ///mnt/repodata/repomd.xml: [Errno 14] curl#37 - "Couldn't open file /mnt/repodata/
repomd.xml"
正在尝试其他镜像。
已安装:
  bind.x86_64 32: 9.11.4-26.P2.el7_9.9
  bind-chroot.x86_64 32: 9.11.4-26.P2.el7_9.9
  bind-devel.x86_64 32: 9.11.4-26.P2.el7_9.9
  bind-dyndb-ldap.x86_64 0: 11.1-7.el7
  bind-export-devel.x86_64 32: 9.11.4-26.P2.el7_9.9
  bind-lite-devel.x86_64 32: 9.11.4-26.P2.el7_9.9
  bind-pkcs11.x86_64 32: 9.11.4-26.P2.el7_9.9
  bind-pkcs11-devel.x86_64 32: 9.11.4-26.P2.el7_9.9
  bind-pkcs11-libs.x86_64 32: 9.11.4-26.P2.el7_9.9
  bind-pkcs11-utils.x86_64 32: 9.11.4-26.P2.el7_9.9
  bind-sdb.x86_64 32: 9.11.4-26.P2.el7_9.9
  bind-sdb-chroot.x86_64 32: 9.11.4-26.P2.el7_9.9
作为依赖被安装:
  keyutils-libs-devel.x86_64 0: 1.5.8-3.el7
  krb5-devel.x86_64 0: 1.15.1-51.el7_9
  libcap-devel.x86_64 0: 2.22-11.el7
  libcom_err-devel.x86_64 0: 1.42.9-19.el7
  libselinux-devel.x86_64 0: 2.5-15.el7
```

libsepol-devel.x86_64 0：2.5-10.el7

libverto-devel.x86_64 0：0.2.5-4.el7

openssl-devel.x86_64 1：1.0.2k-24.el7_9

pcre-devel.x86_64 0：8.32-17.el7

postgresql-libs.x86_64 0：9.2.24-7.el7_9

zlib-devel.x86_64 0：1.2.7-19.el7_9

更新完毕：

bind-export-libs.x86_64 32：9.11.4-26.P2.el7_9.9

bind-libs.x86_64 32：9.11.4-26.P2.el7_9.9

bind-libs-lite.x86_64 32：9.11.4-26.P2.el7_9.9

bind-license.noarch 32：9.11.4-26.P2.el7_9.9

bind-utils.x86_64 32：9.11.4-26.P2.el7_9.9

作为依赖被升级：

krb5-libs.x86_64 0：1.15.1-51.el7_9

krb5-workstation.x86_64 0：1.15.1-51.el7_9

libkadm5.x86_64 0：1.15.1-51.el7_9

openssl.x86_64 1：1.0.2k-24.el7_9

openssl-libs.x86_64 1：1.0.2k-24.el7_9

zlib.x86_64 0：1.2.7-19.el7_9

完毕！

(2) 启动 DNS 服务：

[root@localhost ~]# systemctl start named.service

(3) 查看 named 进程是否正常启动：

[root@localhost ~]# ps -eaf | grep named

named   12986   1   0 14：57 ？   00：00：00 /usr/sbin/named -u named -c /etc/named.conf

root   13005   2557   0 14：58 pts/0   00：00：00 grep --color=auto named

[root@localhost ~]#

(4) DNS 采用的 UDP 协议，监听 53 号端口，进一步检验 named 工作是否正常：

[root@localhost ~]# netstat -an | grep ：53

Tcp	0	0 127.0.0.1：53	0.0.0.0：*	LISTEN
Tcp	0	0 192.168.122.1：53	0.0.0.0：*	LISTEN
tcp6	0	0 ：：1：53	：：：*	LISTEN
udp	0	0 127.0.0.1：53	0.0.0.0：*	
udp	0	0 192.168.122.1：53	0.0.0.0：*	
udp	0	0 0.0.0.0：5353	0.0.0.0：*	
udp6	0	0 ：：1：53	：：：*	

[root@localhost ~]#

(5) 防火墙开放 TCP 和 UDP 的 53 号端口：

```
[root@localhost ~]# iptables -I INPUT -p tcp --dport 53 -j ACCEPT
[root@localhost ~]# iptables -I INPUT -p udp --dport 53 -j ACCEPT
```

(6) 修改主配置文件 /etc/named.conf，修改两个参数，即"listen-on port 53 { 192.168.1.101; };" 和"allow-query   { any; }; "：

```
[root@localhost ~]# cp -p /etc/named.conf /etc/named.conf.bak   // 备份主配置文件
cp：是否覆盖 "/etc/named.conf.bak" ? y
[root@localhost ~]# vi /etc/named.conf
//
// named.conf
//
// Provided by Red Hat bind package to configure the ISC BIND named(8) DNS
// server as a caching only nameserver (as a localhost DNS resolver only).
//
// See /usr/share/doc/bind*/sample/ for example named configuration files.
//
// See the BIND Administrator's Reference Manual (ARM) for details about the
// configuration located in /usr/share/doc/bind-{version}/Bv9ARM.html
options {
        listen-on port 53 { 192.168.1.101; };
        listen-on-v6 port 53 { ::1; };
        directory      "/var/named";
        dump-file       "/var/named/data/cache_dump.db";
        statistics-file "/var/named/data/named_stats.txt";
        memstatistics-file "/var/named/data/named_mem_stats.txt";
        recursing-file  "/var/named/data/named.recursing";
        secroots-file   "/var/named/data/named.secroots";
        allow-query     { any; };
        /*
        - If you are building an AUTHORITATIVE DNS server, do NOT enable recursion.
        - If you are building a RECURSIVE (caching) DNS server, you need to enable
          recursion.
        - If your recursive DNS server has a public IP address, you MUST enable access
          control to limit queries to your legitimate users. Failing to do so will
          cause your server to become part of large scale DNS amplification
          attacks. Implementing BCP38 within your network would greatly
          reduce such attack surface
        */
        recursion yes;
```

```
                dnssec-enable yes;
                dnssec-validation yes;
                /* Path to ISC DLV key */
                bindkeys-file "/etc/named.root.key";
                managed-keys-directory "/var/named/dynamic";
                pid-file "/run/named/named.pid";
                session-keyfile "/run/named/session.key";
        };
        logging {
                channel default_debug {
                        file "data/named.run";
                        severity dynamic;
                };
        };
        zone "." IN {
                type hint;
                file "named.ca";
        };
        include "/etc/named.rfc1912.zones";
        include "/etc/named.root.key";
```

(7) 修改扩展配置文件 named.rfc1912.zones，在末尾添加正向区域和反向区域：

```
[root@localhost ~]# cp -p /etc/named.rfc1912.zones /etc/named.rfc1912.zones.bak        // 备份文件
[root@localhost ~]# vi /etc/named.rfc1912.zones
// named.rfc1912.zones：
//
// Provided by Red Hat caching-nameserver package
//
// ISC BIND named zone configuration for zones recommended by
// RFC 1912 section 4.1：localhost TLDs and address zones
// and http：//www.ietf.org/internet-drafts/draft-ietf-dnsop-default-local-zones-02.txt
// (c)2007 R W Franks
//
// See /usr/share/doc/bind*/sample/ for example named configuration files.
//
zone "sdcet.cn" IN {
        type master;
        file "sdcet.cn.zone";
        allow-transfer { 192.168.1.101; };
};
```

```
zone "1.168.192.in-addr.arpa" IN {
        type master;
        file "1.168.192.sdcet";
};
```

(8) 配置正向解析文件 sdcet.cn.zone：

```
[root@localhost ~]# cp -p /var/named/named.localhost /var/named/sdcet.cn.zone    // 复制模板文件
[root@localhost ~]# vi /var/named/sdcet.cn.zone
$TTL 1D
@       IN SOA  dns.sdcet.cn admin.sdcet.cn. (
                                        0          ;  serial
                                        1D         ;  refresh
                                        1H         ;  retry
                                        1W         ;  expire
                                        3H )       ;  minimum


        NS       @
        A        192.168.1.101
www     A        192.168.1.101
ftp  CNAME www
```

(9) 配置反向解析文件 1.168.192.sdcet：

```
[root@localhost ~]# cp -p /var/named/named.loopback /var/named/1.168.192.sdcet // 复制模板文件
[root@localhost ~]# vi /var/named/1.168.192.sdcet
$TTL 1D
@       IN SOA  dns.sdcet.cn. admin.sdcet.cn. (
                                        0          ;  serial
                                        1D         ;  refresh
                                        1H         ;  retry
                                        1W         ;  expire
                                        3H )       ;  minimum

        NS       @
        A        192.168.1.101
        AAAA    : :1
        PTR      sdcet.cn
101     PTR      www.sdcet.cn
101     PTR      ftp.sdcet.cn
~
~
~
```

(10) 配置 /etc/resolv.conf 文件：

```
[root@localhost ~]# vi /etc/resolv.conf
# Generated by NetworkManager
domain sdcet.cn
nameserver 192.168.1.101
search sdcet.cn
~
[root@localhost ~]# systemctl restart named.service          // 重启 DNS 服务
```

注意： 重启电脑后需要重新查看该配置文件是否被更改。

(11) DNS 服务器要关闭防火墙：

```
[root@localhost ~]# systemctl stop firewalld
```

(12) 如若测试不通，再关掉 seLinux，进行测试：

```
[root@localhost ~]# nslookup
> www.sdcet.cn
Server:                 192.168.1.101
Address:            192.168.1.101#53
Name:  www.sdcet.cn
Address: 192.168.1.101
> ftp.sdcet.cn
Server:                 192.168.1.101
Address:            192.168.1.101#53
ftp.sdcet.cn            canonical name = www.sdcet.cn.
Name：             www.sdcet.cn
Address：           192.168.1.101
> 192.168.1.101
101.1.168.192.in-addr.arpa   name = www.sdcet.cn.1.168.192.in-addr.arpa.
101.1.168.192 in-addr.arpa   name = ftp. sdcet.cn.1.168.192.in-addr.arpa..
> exit
[root@localhost ~]#
```

参 考 文 献

[1] 吴光科 . 曝光：Linux 企业运维实战 [M]. 北京：清华大学出版社，2018.

[2] 喻衣鑫，汤东，刘波 . Linux 操作系统基础 [M]. 北京：北京邮电大学出版社，2018.

[3] 老男孩 . 跟老男孩学 Linux 运维：Shell 编程实战 [M]. 北京：机械工业出版社，2017.

[4] 李世明 . 跟阿铭学 Linux[M]. 3 版 . 北京：人民邮电出版社，2017.

[5] 杨云，唐柱斌 . Linux 操作系统及应用 [M]. 4 版 . 大连：大连理工大学出版社，2017.

[6] 刘遄 . Linux 就该这么学 [M]. 北京：人民邮电出版社，2017.

[7] 鸟哥 . 鸟哥的 Linux 私房菜：基础学习篇 [M]. 4 版 . 北京：人民邮电出版社，2018.

[8] 高俊峰 . 循序渐进 Linux：基础知识、服务器搭建、系统管理、性能调优、虚拟化与集群应用 [M]. 2 版 . 北京：人民邮电出版社，2016.